大学计算机基础实践教程

陈伟 鹿婷 主编

东南大学出版社
SOUTHEAST UNIVERSITY PRESS
·南京·

内容简介

　　《大学计算机基础实践教程》是一本以实践为主导的大学计算机基础教材,全书共有36个实验,内容包括操作系统实践、文字处理、电子表格、演示文稿、网络应用、数据库系统实践、Photoshop 图像处理、Office 高级应用等。

　　本书条理清晰,表述简洁明了,从操作系统到办公软件,从网络应用到数据库系统,使读者能够了解计算机基础的多个方面的内容。书中每个部分都是独立的教学单元,每个单元都包含了知识要点,实验要求,操作步骤,课外练习等内容。

　　本书可作为高等院校大学计算机基础课程的上机实验教材,还可作为普通读者普及计算机实践操作技能的学习书籍,也可作为全国计算机等级考试一级或二级相关科目的辅导教材。

图书在版编目(CIP)数据

大学计算机基础实践教程/陈伟,鹿婷主编 . —南

京:东南大学出版社,2015.9(2018.8重印)

　　ISBN 978 - 7 - 5641 - 6010 - 4

　　Ⅰ.①大⋯　　Ⅱ.①陈⋯②鹿⋯　　Ⅲ.①电子计算机 -

高等学校 - 教材　　Ⅳ.①TP3

　　中国版本图书馆 CIP 数据核字(2015)第 207341 号

大学计算机基础实践教程

出版发行	东南大学出版社	
社　　址	南京市四牌楼 2 号(邮编 210096)	
网　　址	http://www.seupress.com	
出 版 人	江建中	
责任编辑	姜晓乐　　夏莉莉	
经　　销	全国各地新华书店	
印　　刷	常州市武进第三印刷有限公司	
开　　本	787 mm×1092 mm　 1/16	
印　　张	17.5	
字　　数	437 千字	
版 印 次	2015 年 9 月第 1 版　　2018 年 8 月第 3 次印刷	
书　　号	ISBN 978-7-5641-6010-4	
定　　价	36.00 元	

* 东大版图书若有印装质量问题,请直接向营销部调换。电话:025 - 83791830。

前　　言

计算机应用技术和网络技术的飞速发展,促使大学计算机基础实验教学的内容需要不断改进,与时俱进。为了适应这种新的发展,各高校都修订了计算机基础课程的教学大纲和实验教学大纲,课程内容不断推陈出新。

本书根据教育部高等学校计算机科学与技术教学指导委员会《关于进一步加强高等学校计算机基础教学的意见》的要求,结合高等院校计算机课程实验的实际需求编写。

本书分为九个部分,共设置了 36 个实验和 5 个附录。第一部分(实验 1 ~实验 5)介绍 Windows 7 操作系统的界面及基本操作。第二部分(实验 6 ~实验 10)介绍 Word 2010 的基本操作、编辑和排版。第三部分(实验 11 ~实验 16)介绍 Excel 2010 的基本操作以及数据处理。第四部分(实验 17 ~实验 20)介绍 PowerPoint 2010 幻灯片讲义的制作和放映。第五部分(实验 21 ~实验 25)介绍网络浏览器以及无线网络的应用。第六部分(实验 26 ~实验 30)介绍数据库的应用。第七部分(实验 31 ~实验 34)介绍图形图像的制作与处理。第八部分(实验 35、实验 36)介绍 Visio 绘图软件及 OneNote 笔记本的应用。最后附录部分介绍了管理系统、考试系统以及全国计算机等级考试一级 MS Office 和二级 MS Office 高级应用考试大纲(2013 版)。

参与本书编写的作者是多年从事一线教学的主讲教师,具有丰富的教学和实践经验。在案例的选择上注重读者学习和工作需求,文字、图片等取材深入浅出,通俗易懂。

本书可作为高等院校大学计算机基础课程的上机实验教材,还可作为普通读者普及计算机实践操作技能的学习书籍,也可作为全国计算机等级考试一级或二级相关科目的辅导教材。

本书由陈伟、鹿婷担任主编,负责教材的总体策划、编写、统稿和定稿工作,并聘请吴俊教授担任主审。感谢吴俊教授为本书提出的许多宝贵意见。本书第一、二、三、五、六、八、九部分由陈伟编写,第四、七部分由鹿婷编写。丁彧担任本书的美工制作,郑红英、赵翠霞、王建等负责校对工作。因此,《大学计算机基础实践教程》是集体创作的教材。

在本书的编写过程中,我们参阅了大量的文献资料,在此向这些文献的作者表示感谢。感谢陈汉武、沈军、郑雪清的支持和鼓励! 感谢各位同仁的理解和帮助! 同时感谢东南大学出版社的支持!

由于编写时间仓促,加之作者水平有限,书中难免有疏漏或不完善之处,敬请读者不吝指正,作者邮件地址: daniel@seu.edu.cn。如需实验素材,也请与此邮件联系。

编　者

2015 年 6 月

目　录

第一部分
操作系统实践

Windows 是一个为个人计算机和服务器用户设计的操作系统,它有时也被称为"视窗操作系统"。

Microsoft Windows 是微软公司制作和研发的一套桌面操作系统,它问世于 1985 年,目前已经是为人们所熟知和喜爱的操作系统。2009 年 10 月 22 日,微软于美国正式发布 Windows 7, 2009 年 10 月 23 日微软于中国正式发布 Windows 7 中文版。

实验 1 　 Windows 7 桌面配置与应用

1.1　实验目的

（1）了解 Windows 7 的桌面组成；
（2）了解 Windows 7 的桌面配置；
（3）了解 Windows 7 的实用小工具。

1.2　知识要点

1.2.1　Windows 7 桌面

正常启动 Windows 7 后，就会自动进入 Windows 7 桌面。在桌面上一般会有一系列整齐排列的图标，图标的下方会有相应的名称，如"计算机"等。图标一般分为两种：一种是文件图标，表示该文件存放在桌面上；另一种是快捷方式图标，表示一种快捷访问计算机应用程序的途径，快捷方式图标的左下角一般有一个向右上的箭头。

1.2.2　Windows 7 的外观和主题

桌面的外观和主题元素是用户个性化工作环境的最明显体现，用户可以根据自己的需求改变桌面图标、桌面背景、系统声音、屏幕保护程序等设置，使得 Windows 7 更适合用户自己的习惯。

1.2.3　任务栏

任务栏默认位于桌面下方（或屏幕底部），是 Windows 系统的超级助手，用户可以对任务栏进行个性化设置，使其更加符合用户的使用习惯。

1.2.4　桌面小工具

Windows 7 操作系统中新增了一些桌面小工具，它们是一组便捷的实用小程序，用户可使用这些小程序简便地完成一些常用的操作。

1.3　实验任务和要求

（1）配置 Windows 7 的桌面环境；
（2）配置 Windows 7 的外观和个性化设置；
（3）使用 Windows 7 的实用小工具。

1.4 实验内容及操作步骤

1.4.1 使用 Windows 7

（1）认识 Windows 7 桌面，如图 1-1 所示。

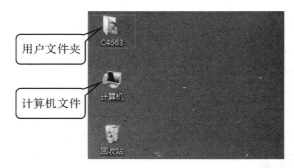

图 1-1 Windows 7 桌面

（2）右击"计算机"，点击"属性"，查看当前计算机的基本信息，如图 1-2 所示。

图 1-2 计算机基本信息

1.4.2 Windows 7 的个性化设置

（1）依次点击"开始"→"控制面板"→"外观和个性化"，进入"外观和个性化"配置界面，在"个性化"选项中，点击"更改主题"，进入"更改计算机上的视觉效果和声音"页面，在此可以完成 Windows 7 的相关设置，如图 1-3 所示。

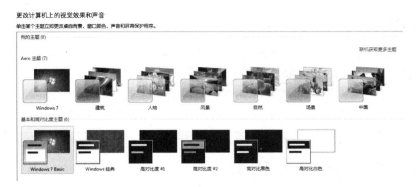

图1-3　配置或更改主题

i. 更改主题模式；

ii. 联机获得更多的主题；

iii. 修改基本和高对比度主题。

小贴士

以上操作可以通过在桌面空白处右击,选择"个性化",进入"更改计算机上的视觉效果和声音"页面。

（2）在"更改计算机上的视觉效果和声音"页面中点击"桌面背景",进入"桌面背景"设置页面,在此环境下,你可以完成桌面背景的相关设置,如图1-4所示。

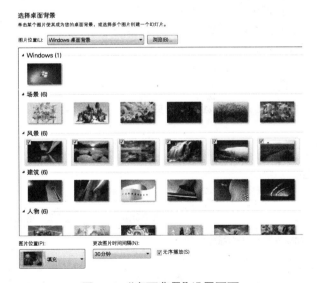

图1-4　"桌面背景"设置页面

i. 通过点击"浏览"按钮,可以选择希望用于桌面背景的图片的文件夹；

ii. 按住"Ctrl"＋鼠标左键可以选择多张图片；

iii. 在"图片位置"下拉列表中可以修改图片的显示方式；

iv. 在"更改图片时间间隔"下拉列表中可以设置桌面背景轮换的时间间隔；

v. 选中"无序播放"可使图片随机轮换。

小贴士

在"外观和个性化"配置界面还可进行如下设置：

1. 点击"窗口颜色"可以更改窗口的颜色和外观；

2. 点击"声音"可以修改 Windows 的声音配置方案；

3. 点击"屏幕保护程序"可以修改 Windows 的屏幕保护程序和电源管理方案。

1.4.3 配置 Windows 7 的桌面环境

思考：新安装的 Windows 操作系统，在桌面上仅仅有一个"回收站"图标，如何将其他图标添加到桌面环境中？

在桌面上显示"计算机"和"用户的文件"图标。

（1）依次点击"开始"→"控制面板"→"外观和个性化"→"个性化"。

（2）在"个性化"配置页面左侧点击"更改桌面图标"，打开"桌面图标设置"对话框，依次选中"计算机""用户的文件"复选框，如图 1-5 所示，点击"确定"后会将图标加载到桌面环境中。

图 1-5 "桌面图标设置"对话框

1.4.4 配置 Windows 7 的任务栏和「开始」菜单

（1）依次点击"开始"→"控制面板"→"外观和个性化"。

（2）点击"任务栏和「开始」菜单"，打开"任务栏和「开始」菜单属性"设置对话框，在"任务栏"选项卡内，可以完成任务栏相关属性的配置，如图1-6所示。

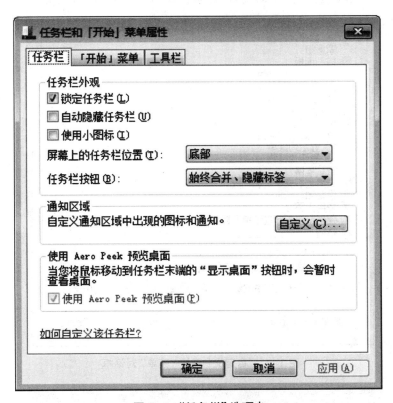

图1-6 "任务栏"选项卡

i. 锁定任务栏；

ii. 自动隐藏任务栏；

iii. 任务栏中使用小图标；

iv. 更改任务栏出现的位置：底部、顶部、左侧和右侧；

v. 任务栏按钮是否将相同的标签合并显示。

（3）点击"「开始」菜单"选项卡，打开"「开始」菜单"设置对话框，在该选项卡内可以完成"「开始」菜单"属性的设置。

i. 点击"自定义"按钮，打开"自定义「开始」菜单"对话框，如图1-7所示，在这里可以设置「开始」菜单上的链接、图标以及菜单的外观和行为。

ii. "电源按钮操作"下拉列表中的各选项，表示按下电源按钮后 Windows 的操作，如图1-8所示。

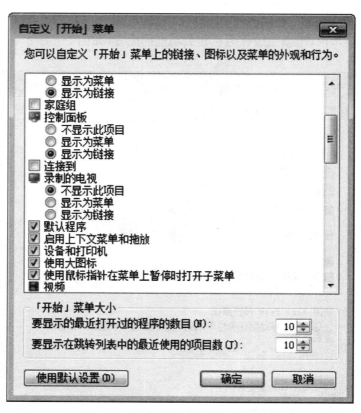

图 1-7 "自定义「开始」菜单"对话框

图 1-8 "电源按钮操作"设置

（4）点击"工具栏"选项卡，勾选"地址"复选框，再点击"确定"，则将地址栏加载到任务栏中，可以快速启动，如图 1-9 所示。

图 1-9　将地址栏添加到任务栏

1.4.5　向 Windows 7 桌面添加"时钟"小工具

（1）依次点击"开始"→"控制面板"→"外观和个性化"。

（2）点击"桌面小工具"，打开"小工具"设置对话框，如图 1-10 所示，双击"时钟"，将"时钟"添加到桌面环境中。

图 1-10　"小工具"设置对话框

小贴士

　　以上操作可以通过在桌面空白处右击,选择"小工具",打开"小工具"配置界面。

　　(3)右击桌面上的"时钟"图标,点击"选项",打开"时钟"设置对话框,可以更改时钟的样式,显示时钟的名称,更改时钟的时区,以及可以确定时钟是否显示秒针等,如图1-11所示。

图1-11　"时钟"设置对话框

课外练习

　　该练习包含以下任务,由读者独立完成。
　　(1)查看、设置并修改 Windows 7 的桌面主题。
　　(2)修改屏幕保护程序为"三维文字"。
　　(3)将当前桌面的内容添加到"任务栏"上。
　　(4)向桌面添加"日历"工具,显示当前日期。

实验 2 Windows 7 的文件和程序管理

2.1 实验目的

（1）了解文件夹的选项配置；

（2）了解文件或文件夹的搜索；

（3）了解程序的安装与卸载。

2.2 知识要点

2.2.1 文件与文件夹

（1）文件是保存在计算机磁盘中的数据，如一份文档、一张图片、一个程序、一首歌曲等。

（2）文件夹是为了方便管理文件引入的，简单地说，文件夹就是文件的集合。

2.2.2 程序

应用程序是指为了完成某项或某几项特定任务而被开发且运行于操作系统之上的计算机程序，如 Microsoft Office Word 2010 等。

2.3 实验任务和要求

（1）配置文件夹选项；

（2）在 Windows 7 的环境下实现文件或文件夹的搜索；

（3）Windows 7 如何卸载程序。

2.4 实验内容及操作步骤

2.4.1 配置操作系统，显示所有文件及后缀名

（1）依次点击"开始"→"控制面板"→"外观和个性化"。

（2）点击"文件夹选项"，打开"文件夹选项"设置对话框，在"查看"选项卡的"高级设置"中，选中"显示隐藏的文件、文件夹和驱动器"和"隐藏已知文件类型的扩展名"，如图 2-1 所示。

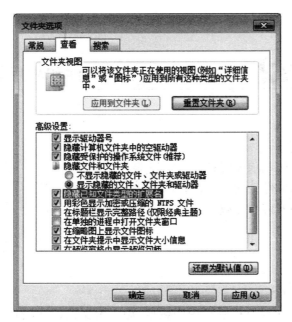

图 2-1　"文件夹选项"设置对话框

2.4.2　Windows 7 的文件搜索

（1）双击"计算机"，选中需要查找内容的盘符或文件夹。

（2）在"搜索框"中输入想要搜索的内容后，搜索结果会直接显示，如图 2-2 所示。

图 2-2　在"大学计算机基础"文件夹中搜索"计算机基础"的结果

2.4.3　程序的卸载

（1）依次点击"开始"→"控制面板"→"程序"。

（2）点击"程序和功能"中的"卸载程序"，打开"卸载或更改程序"对话框，选中一个程序,点击"卸载／更改",完成卸载或者更改功能包的安装过程,如图 2-3 所示。

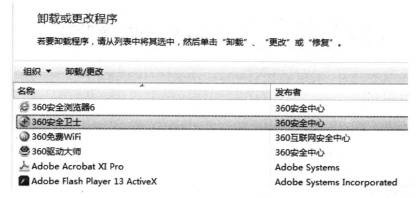

图 2-3 "卸载或更改程序"对话框

2.4.4 设置打开文件的默认程序 *

(1)依次点击"开始"→"控制面板"→"程序"。

(2)点击"默认程序"中的"始终使用指定的程序打开此文件类型",打开"将文件类型或协议与特定程序关联"对话框,选中一个扩展名文件,点击"更改程序",在弹出的"打开方式"对话框中指定一个程序来打开此文件,如图 2-4 所示。

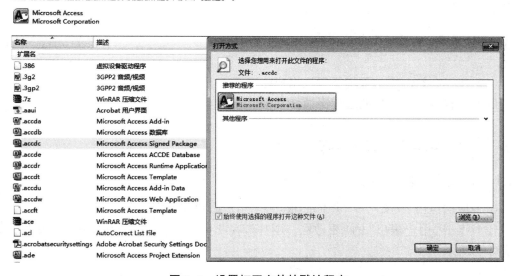

图 2-4 设置打开文件的默认程序

课外练习

该练习包含以下任务,由读者独立完成。

(1)练习使用搜索。

(2)卸载计算机中不必要的应用程序。

实验 3 Windows 7 的安全管理

3.1 实验目的

（1）了解用户账户管理；

（2）了解远程桌面。

3.2 知识要点

3.2.1 用户账户权限

Windows 7 是一个多用户、多任务的操作系统，它允许每个使用计算机的用户建立自己的专用工作环境。每个用户都可以为自己建立一个用户账户，并设置密码。操作系统可以将用户设置为 3 种类型：计算机管理员账户、标准用户账户和来宾账户。

3.2.2 远程桌面

通过远程桌面功能我们可以连接并操作远程计算机，在远程计算机上安装软件、运行程序，所有的一切都好像是直接在该计算机上操作一样。

3.3 实验任务和要求

（1）在 Windows 7 的环境下管理用户账户；

（2）配置当前计算机的远程桌面。

3.4 实验内容及操作步骤

3.4.1 更改用户账户图片

（1）依次点击"开始"→"控制面板"→"用户账户和家庭安全"。

（2）点击"用户账户"的"更改账户图片"，在此页面可以更改当前用户的登录图片，如图 3-1 所示。

为您的帐户选择一个新图片

daniel
管理员
密码保护

您选择的图片将显示在欢迎屏幕和「开始」菜单上。

浏览更多图片...

更改图片   取消

图 3-1   更改用户账户图片

3.4.2   创建一名为"USER"的标准用户

（1）依次点击"开始"→"控制面板"→"用户账户和家庭安全"。

（2）点击"用户账户"中的"添加或删除用户账户"，进入"选择希望更改的账户"界面，选择"创建一个新账户"。

（3）在新界面的文本框中输入"USER"，在类型中选择"标准账户"，点击"创建账户"，完成创建过程，如图 3-2 所示。

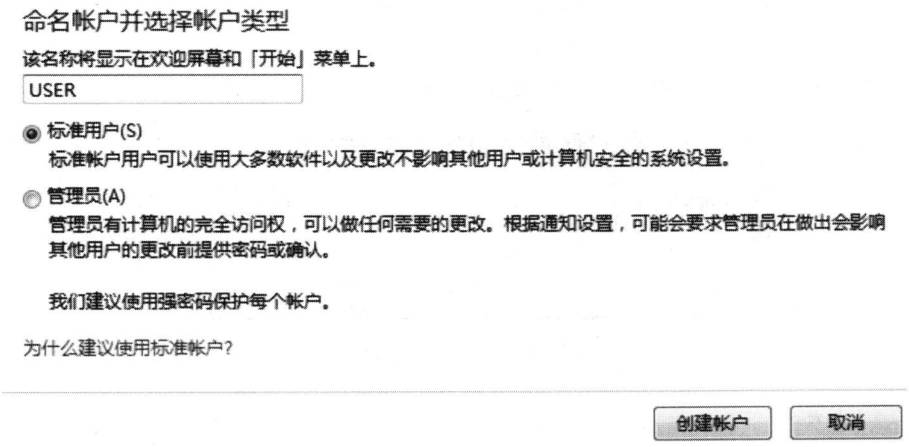

命名帐户并选择帐户类型

该名称将显示在欢迎屏幕和「开始」菜单上。

USER

◉ 标准用户(S)
标准帐户用户可以使用大多数软件以及更改不影响其他用户或计算机安全的系统设置。

◯ 管理员(A)
管理员有计算机的完全访问权，可以做任何需要的更改。根据通知设置，可能会要求管理员在做出会影响其他用户的更改前提供密码或确认。

我们建议使用强密码保护每个帐户。

为什么建议使用标准帐户？

创建帐户   取消

图 3-2   创建新账户

3.4.3 更改用户密码

（1）点击"用户账户"中的"更改 Windows 密码"，进入"更改用户账户"页面。

（2）如果你是 Windows 管理员，你可以进行以下操作，如图 3-3 所示。

i. 更改用户密码（需提供原密码）；

ii. 删除用户密码（需提供原密码）；

iii. 更改用户图片；

iv. 更改账户名称及类型；

v. 管理其他账户等。

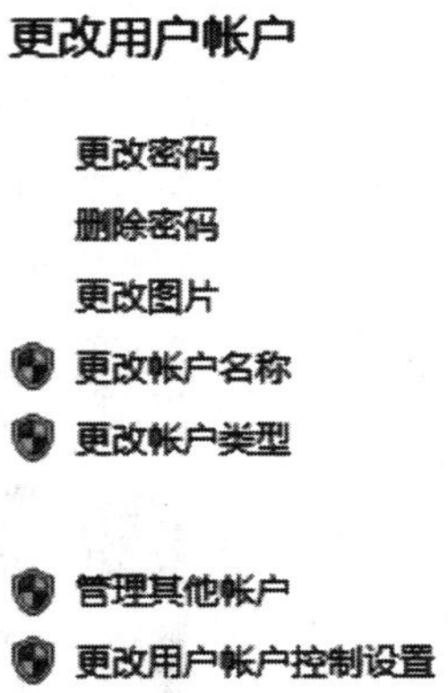

更改用户帐户

更改密码

删除密码

更改图片

🛡 更改帐户名称

🛡 更改帐户类型

🛡 管理其他帐户

🛡 更改用户帐户控制设置

图 3-3　更改用户账户信息

3.4.4 配置当前计算机的远程桌面连接

（1）依次点击"开始"→"控制面板"→"系统和安全"。

（2）点击"系统"中的"允许远程访问"，打开"系统属性"对话框中的"远程"选项卡，在"远程桌面"中选择"允许运行任意版本远程桌面的计算机连接（较不安全）"，如图 3-4 所示。

图 3-4　远程桌面设置

小贴士

1."仅允许运行使用网络级别身份验证的远程桌面的计算机连接（更安全）"表明需要同版本或高版本的远程桌面，低版本不能连接。

2. "选择用户"可以指定远程桌面的连接用户,管理员用户是被默认授权可以进行远程访问。

（3）点击"Windows 防火墙"中的"允许程序通过 Windows 防火墙",打开"允许程序通过 Windows 防火墙通信"界面,点击"更改设置",将"远程桌面"和"远程桌面 -Remote FX"设置为"家庭 / 工作（专用）"和"公用"都允许,确定后完成设置,如图 3-5 所示。

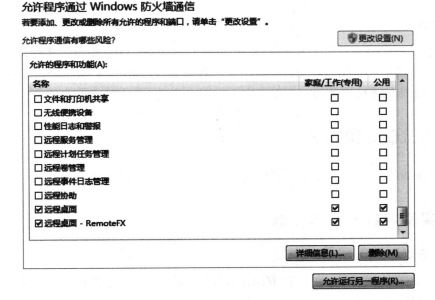

图 3-5　更改防火墙设置

课外练习

该练习包含以下任务,由读者独立完成。

（1）创建一个标准用户,用户名："Teacher",密码："12345678",用户图片为："吉他"。

（2）将该标准用户提升为管理员用户。

（3）删除该用户。

（4）将本机设置为可以远程桌面访问,并和同学之间相互连接。

实验4 系统配置 *

4.1 实验目的

了解系统配置的应用。

4.2 知识要点

系统配置

系统配置就是计算机的相关配置,它对我们的计算机十分重要。换句话说,计算机的系统配置就是保障我们启动某些程序的最低要求,它主要用来管理计算机的自启动程序及查看加载的系统服务等。

4.3 实验任务和要求

在 Windows 7 的环境下使用系统配置。

4.4 实验内容及操作步骤

4.4.1 系统配置的启动

（1）依次点击"开始"→"控制面板",在"查看方式"的下拉列表中选择"小图标",如图 4-1 所示。

图 4-1 更改控制面板的查看方式

（2）点击"管理工具"后双击"系统配置",打开"系统配置"对话框,如图 4-2 所示。

注: * 为扩展性内容,读者可根据需要选择性学习。

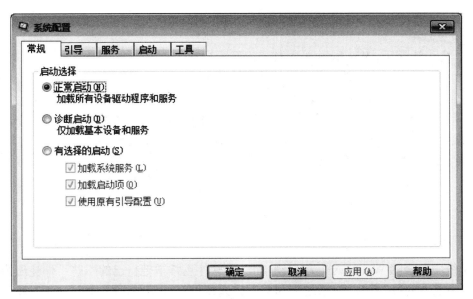

图 4-2　"系统配置"对话框

小贴士

点击"开始",在搜索文本框 中输入"Msconfig",回车后也可以打开"系统配置"对话框。

（3）将常规的"正常启动"改选为"有选择的启动",如图 4-3 所示。

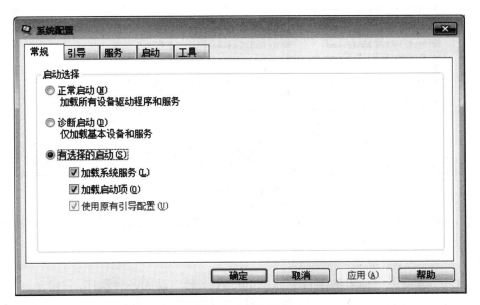

图 4-3　启动选择

小贴士

默认情况下，Windows 采用的是"正常启动"模式（即在启动操作系统时加载所有的驱动和系统服务程序），但是有时候由于设备驱动程序遭到破坏或服务故障，常常会导致启动出现一些问题，这时可以在"常规"选项卡的"启动选择"中选择"诊断启动"，"诊断启动"方式仅仅加载基本的驱动与服务程序，这时系统是最干净的，如果启动没有问题，可以依次加载设备和服务来判断问题出处，这种启动模式有助于我们快速找到启动故障的原因。

一般情况下，我们可以选择"有选择的启动"来配置启动操作系统。

4.4.2 服务选项

系统服务会随 Windows 一起启动，而一些软件也常常把自己的一些组件注册为系统服务。单击"服务"选项卡，系统配置会列出系统所有的服务，通过"制造商"和"状态"显示的信息可以了解服务提供商和运行状态，然后再点击"全部启用"（或"全部禁用"）来启用（或禁止）服务项，如图 4-4 所示。

图 4-4 服务项

若勾选"隐藏所有 Microsoft 服务"，则此时列出的就是其他软件注册的系统服务。

4.4.3 启动选项

"启动"选项卡中列出的项目是随 Windows 一起启动的各种程序，它们在开机启动操作系统后即可被自动加载。如果加载的程序过多就会影响计算机的启动速度，此时可以单击"全部禁用"，然后勾选需自动启动的项目，最后单击"确定"按钮，重启后即可生效，如图 4-5 所示。

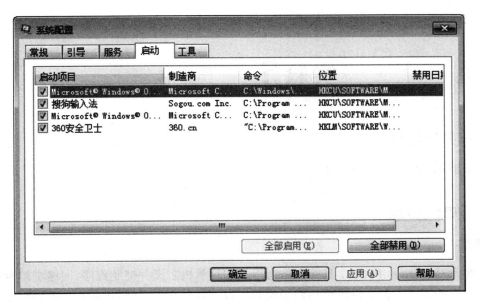

图 4-5　启动项

课外练习

该练习包含以下任务,由读者独立完成。

(1)通过配置程序,禁用非 Microsoft 服务。

(2)通过配置程序,禁用所有启动项。

实验5　组策略 *

5.1　实验目的

了解系统中组策略的应用。

5.2　知识要点

组策略

组策略（Group Policy）是管理员为用户和计算机定义并控制程序、网络资源及操作系统行为的主要工具。通过使用组策略可以设置各种软件、计算机和用户策略。组策略对本地计算机系统的设置包括：本地计算机配置和本地用户配置。对本地计算机的配置保存在注册表的 HKEY_LOCAL_MACHINE 的相关项中，对用户的策略设置保存在 HKEY_CURRENT_USER 的相关项中。

5.3　实验任务和要求

在 Windows 7 的环境下配置新的组策略。

5.4　实验内容及操作步骤

5.4.1　组策略的启动

点击"开始"，在搜索文本框 中输入"gpedit.msc"回车后打开本地组策略编辑器，如图 5-1 所示。

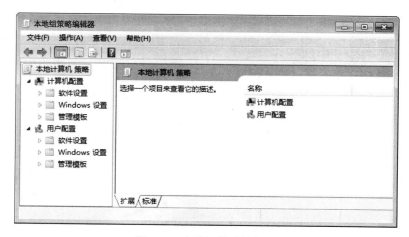

图 5-1　本地组策略编辑器

5.4.2　计算机配置

（1）"计算机配置"下的"Windows 设置"下的"安全设置"的使用,如图 5-2 所示。

i. 账户的密码策略,锁定策略;

ii. 用户的权利分配;

iii. 公钥策略;

iv. IP 安全策略等。

图 5-2　安全配置的内容

> **小贴士**
>
> 　　右击"安全设置",然后点击"导入策略",可以导入已经设定好的策略;点击"导出策略",将当前的设定完成的策略导出;点击"重新加载",立即生效已经修改的策略。

（2）"计算机配置"中"管理模块"的使用,如图 5-3 所示。

i. 管理 Windows 的组件;

ii. 打印机;

iii. 控制面板;

iv. 网络等。

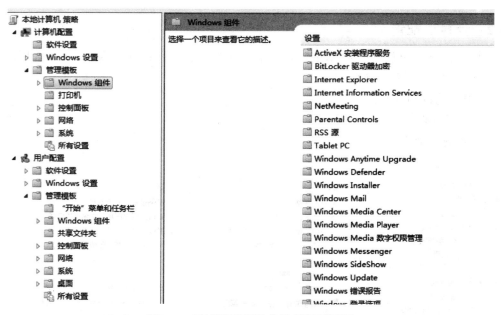

图 5-3 "计算机配置"中的"管理模块"

5.4.3 计算机配置的部分介绍

（1）配置密码长度最小值为 6 个字符。

i. 依次打开"计算机配置"→"Windows 设置"→"安全设置"→"账户策略"→"密码策略"，进入密码策略设置页面。

ii. 双击"策略"中的"密码长度最小值"，在属性框内输入"6"，点击"确定"即可，如图 5-4 所示。

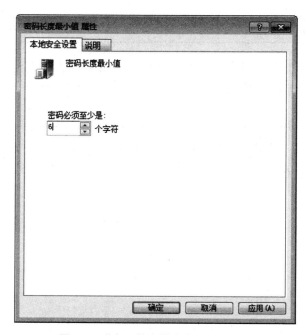

图 5-4 "密码长度最小值属性"设置

（2）审核用户登录事件。

i. 依次打开"安全设置"→"本地策略"→"审核策略"。

ii. 双击"审核登录事件"，选中"成功"和"失败"，表明将对用户的登录进行审核，并记录成功审核和失败审核的事件，如图 5-5 所示。

图 5-5 "审核登录事件属性"设置

（3）将"daniel"用户设置为拒绝从网络访问此计算机。

i. 依次打开"安全设置"→"本地策略"→"用户权限分配"。

ii. 双击"拒绝从网络访问这台计算机"，选择"添加用户或组"，将"daniel"用户添加到拒绝访问列表中，表明该用户将不能从远程访问该计算机，如图 5-6 所示。

图 5-6 添加拒绝远程访问的用户或组

5.4.4 用户配置

"用户配置"和"计算机配置"类似,请读者自己分析。

课外练习

该练习包含以下任务,由读者独立完成。

(1)练习应用"计算机配置",并和其他成员验证策略的有效性。

(2)熟练应用"用户配置",并验证策略的有效性。

第二部分
文字处理

    Word 2010 是基于操作系统的文字和表格处理软件，是 Microsoft Office 套装软件的成员之一。它充分利用操作系统图形界面的优势，是一个具有丰富的文字处理功能，图、文、表格并茂，提供菜单和图标的操作方式，易学易用的字处理软件。

    文字处理的主要内容包括文档的编辑与排版、图文混排、表格制作、页面管理以及长文档的排版等。

实验6 文 档 编 辑

6.1 实验目的

通过实验掌握 Word 2010 的基本操作方法和使用技巧,了解 Word 2010 的字操作、字块操作、查找与替换等方法,了解 Word 2010 的视图,掌握文档字符格式和段落格式的格式化,掌握项目符号以及分栏的设置。

6.2 知识要点

6.2.1 字符

(1)输入法

输入汉字时,通过组合键"Ctrl+ 空格"可以切换中 / 英文输入法,常用的中文输入法有全拼、五笔、智能 ABC、双拼、郑码等,通过组合键"Ctrl + Shift"可以切换各种中文输入法。如切换成极品五笔中文输入法,任务栏左端出现一个输入法状态窗口,如图 6-1 所示。

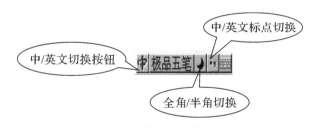

图 6-1 输入法状态窗口

(2)标点符号

输入标点符号时,中文和英文标点符号所占的字节是不一样的,中文标点符号和汉字一样占两个字节,英文标点符号占一个字节。因此,在输入标点符号时要注意当前的中 / 英文标点状态,表示处于中文标点状态,表示处于英文标点状态。在使用如图 6-1 所示的极品五笔输入法状态下,中文标点符号与键盘键位的对应关系,如表 6-1 所示。

表 6-1 中文标点符号与键盘键位的对应关系

中文标点	键位	说明	中文标点	键位	说明
。	.	句号	·	@	间隔号
、	\	顿号	——	—	破折号
" "	"	自动配对	《	<	自动配对
' '	'	自动配对	》	>	自动配对

（续表）

中文标点	键位	说明	中文标点	键位	说明
—	&	连接号	￥	$	人民币符号
……	^	省略号			

（3）特殊字符

单击"插入"选项卡,在菜单功能区"符号"组中单击"符号"按钮,在列表中单击"其他符号",打开"符号"对话框,如图6-2所示。

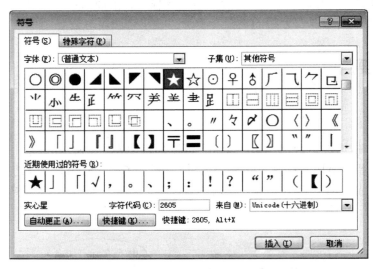

图6-2 "符号"对话框

6.2.2　字块

（1）字块选定

i. 连续字块：直接按住左键拖动。

ii. 不连续字块：先按住左键拖动一块连续的,再按住"Ctrl"键拖动另一块。

iii. 矩形字块：按住左键拖动时同时按住"Alt"键。

iv. 一个单词：双击左键两下。

v. 一行文字：鼠标移至选择条（工作区最左侧,鼠标变成向右斜向箭头）处,指向某一行,单击左键一下。

vi. 一段文字：鼠标移至选择条处,指向某一段,双击左键两下。

vii. 全选：同时按住"Ctrl+A"键；或者鼠标移至选择条处,连击左键三下。

（2）字块移动

i. 选定要移动的内容。

ii. 单击"开始"选项卡,在菜单功能区"剪贴板"组内单击"剪切"按钮（快捷键："Ctrl+X"）。

iii. 光标定位到目标位置。

iv. 在"剪贴板"组内单击"粘贴"按钮（快捷键："Ctrl+V"）。

小贴士

Word 2010 中,不管采用哪种粘贴方法,都会在粘贴的文本后面出现一个粘贴选项,单击"粘贴选项"按钮可以展开粘贴命令菜单。在粘贴命令菜单中,有 4 种方式可供选择:

a. 保留源格式:所粘贴的内容的属性不会改变。

b. 合并格式:所粘贴的内容的字体、大小等属性和目标内容一致。

c. 只保留文本:只粘贴文本内容。

d. 设置默认粘贴:通过设置默认粘贴可以自定义默认粘贴方式。

(3)字块复制

i. 选定要复制的内容。

ii. 单击"开始"选项卡,在菜单功能区"剪贴板"组内单击"复制"按钮(快捷键:"Ctrl+C")。

iii. 光标定位到目标位置。

iv. 在"剪贴板"组内单击"粘贴"按钮(快捷键:"Ctrl+V")。

6.2.3 段落

段落是构成文档的骨架,Word 具有自动换行的功能,回车表示重新开始一个段落,所以不要每一行都使用回车键。

6.2.4 视图

为了增加文档处理方式,Word 2010 提供了 5 种视图方式:页面视图、阅读版式视图、Web 版式视图、大纲视图和草稿。

6.3 实验任务和要求

(1)掌握 Word 2010 的字符格式设置方法;

(2)掌握 Word 2010 的段落格式设置方法;

(3)掌握项目符号设置方法;

(4)掌握分栏设置方法;

(5)掌握 Word 2010 查找与替换;

(6)了解 Word 2010 的视图显示。

6.4 实验内容及操作步骤

6.4.1 Word 2010 的界面

(1)使用 Word 2010

打开 Word 2010,进入 Word 工作环境,如图 6-3 所示。

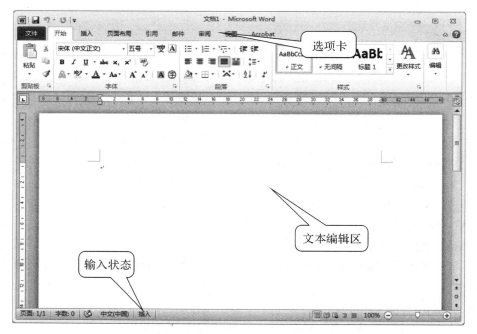

图 6-3　Word 2010 界面

（2）保存文档

单击"文件"菜单下的"保存"项，输入文件名，选定存放位置即可。

打开"实验 6 文档编辑与排版（素材）.docx"文档，按以下操作完成实验过程，并将实验结果保存为"实验 6 文档编辑与排版（结果）.docx"，最终结果文件可参考"实验 6 文档的编辑与排版（实验结果）.pdf"。

6.4.2　字符格式设置

（1）样式设置

i. 标题样式设置

选定"荷塘月色"，单击"开始"选项卡，在菜单功能区"样式"组内单击"标题"，将"荷塘月色"设置为标题，如图 6-4 所示。

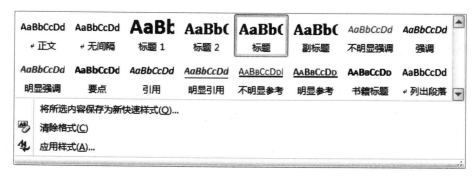

图 6-4　标题样式设置

同样的方法,将"《荷塘月色》赏析"设置为标题。

ii. 副标题样式设置

选定"朱自清",在"开始"菜单功能区"样式"组内,单击"副标题",将"朱自清"设置为副标题。

iii. 要点设置

选定"一、标题有形有色,体现图画美",在"样式"组内,单击"要点",将"一、标题有形有色,体现图画美"设置为要点。

同样的方法将文中"二、结构呈现圆形,体现图形美"、"三、主题深刻含蓄,体现意境美"设置为要点。

(2)字体设置

i. 选定"荷塘月色",在"开始"菜单功能区"字体"组内点击对话框启动按钮 ，打开"字体"对话框,设置中文字体：楷体；字形：加粗；字号：三号；字体颜色：红色,如图6-5所示。

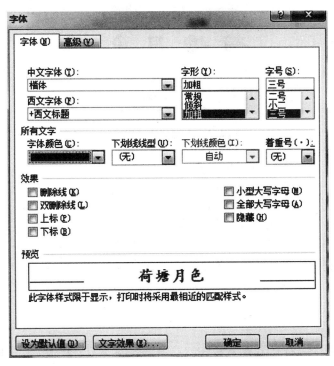

图6-5 标题字体设置

ii. 在"字体"对话框的"高级"选项卡中,可以设置字符间距(缩放、间距、位置)等属性值。将标题设置成字符缩放150%。

iii. 单击"字体"对话框下方的"文字效果"后,可以设置文本效果格式,如设置文本填充样式、文本边框、轮廓样式、阴影、映像等。将标题的"文本填充"选为"渐变填充"并将"预设颜色"设置为"红日西斜","文本边框"设置为"实线",如图6-6所示。

用同样的方法将"朱自清"设置为"绿色"、"黑体",效果如图6-7所示。

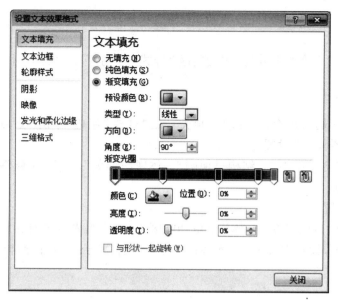

图 6-6　设置文本效果格式

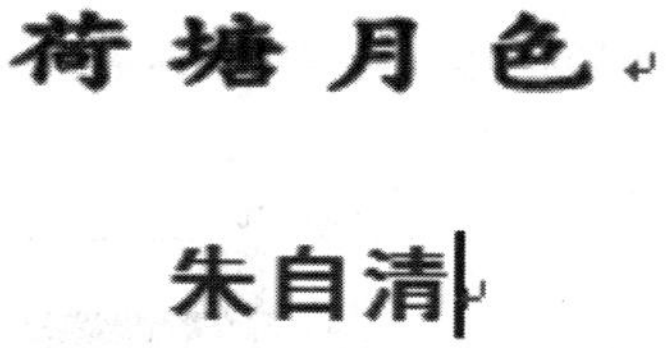

荷 塘 月 色

朱自清

图 6-7　标题设置后的效果

6.4.3　格式刷

将文中"佚名"设置成和"朱自清"相同的字符格式。

i. 选中"朱自清",单击"开始"选项卡,在菜单功能区"剪贴板"组内单击"格式刷"按钮,使得鼠标变成刷子形状。

ii. 移动鼠标,选择"佚名",会将字符"佚名"设置成和字符"朱自清"相同的字符格式。

　　单击"格式刷"按钮只能复制一次已有的文字格式;双击"格式刷"按钮可复制多次已有文字的格式。单击"格式刷"按钮或按"Esc"键取消格式复制。

6.4.4　段落格式设置

（1）首行缩进

i. 选中"这几天心里颇不宁静……"这一段,单击"开始"选项卡,在菜单功能区"段落"组内单击对话框启动按钮█,打开"段落"对话框。

ⅱ. 设置"缩进"栏中特殊格式为"首行缩进",磅值为"2 字符";设置"间距"栏中段前为"0.5 行",段后为"自动",行距为"1.5 倍行距",如图 6-8 所示。

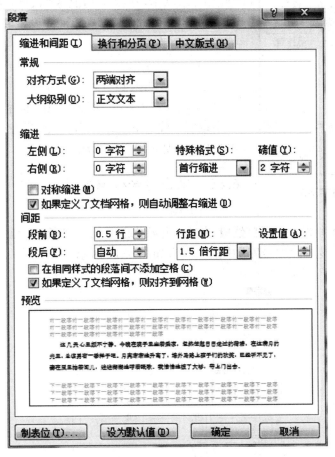

图 6-8 段落设置

将文中"沿着荷塘,是一条曲折的小煤屑路……妻已睡熟好久了。"几个自然段,进行同样的设置。

（2）对齐方式

ⅰ. 选中"一九二七年七月,北京清华园。"这一行字,单击"开始"选项卡,在菜单功能区"段落"组内单击对话框启动按钮 ,打开"段落"对话框。

ⅱ. 设置"对齐方式"为"右对齐",如图 6-9 所示。

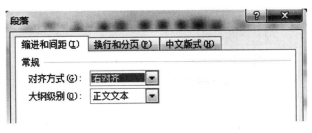

图 6-9 右对齐设置

图 6-10　首字下沉

（3）悬挂缩进

选中"标题由两个名词自然组合……"自然段，单击"开始"选项卡，在菜单功能区"段落"组内单击对话框启动按钮，打开"段落"对话框，设置特殊格式为"悬挂缩进"，磅值为"2 字符"。

（4）首字下沉

选中"这几天心里颇不宁静……"自然段，单击"插入"选项卡，在"文本"组内单击"首字下沉"，在下拉列表中选择"首字下沉选项"，打开"首字下沉"对话框，单击"下沉"，如图 6-10 所示。

6.4.5　项目符号和编号

（1）编号

i. 选中"作者行踪……"自然段，单击"开始"选项卡，在"段落"组内单击"编号"按钮，在下拉列表中选择"编号库"中的"1)"，如图 6-11 所示。

图 6-11　编号库

ii. 在"编号"的下拉列表中点击"定义新编号格式",可以设定或修改编号以及对齐方式,如图 6-12 所示。

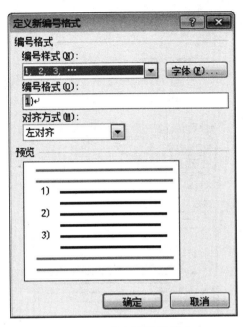

图 6-12　定义新编号格式

iii. 在"编号"的下拉列表中点击"设置编号值",可以设定起始编号,如图 6-13 所示。

图 6-13　起始编号

以同样的方式,为"作者情感……"自然段设置相同的连续编号。

（2）项目符号

i. 选中"第一个场景：……"自然段,单击"开始"选项卡,在"段落"组内"项目符号"下拉列表中选择"项目符号库"中的"➤",如图 6-14 所示。

ii. 点击"项目符号"下拉列表中的"定义新项目符号",可以设定或修改项目符号以及对齐方式,选择对齐方式为"居中",如图 6-15 所示。

用同样的方式,将"第二个场景：……"、"第三个场景：……"、"第四个场景：……"、"第五个场景：……"设置成相同的项目符号。

图 6-14　项目符号库

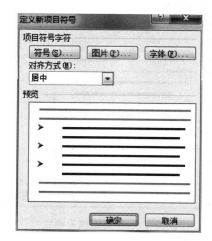

图 6-15　定义新项目符号

6.4.6　分栏

　　i. 选中"路上只我一个人……"自然段,单击"页面布局"选项卡,在"页面设置"组内单击"分栏",选择"更多分栏",打开"分栏"对话框,如图 6-16 所示。

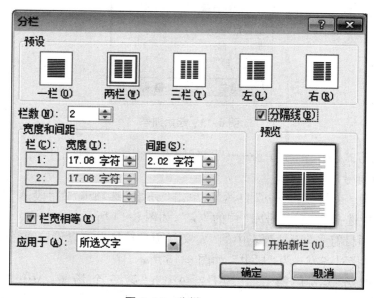

图 6-16　分栏

ⅱ. 在"预设"中选择"两栏",勾选"分隔线",设置完成。

6.4.7 查找和替换

（1）查找

ⅰ. 单击"开始"选项卡,在菜单功能区"编辑"组内单击"查找"按钮,打开查找"导航",如图 6-17 所示。

ⅱ. 单击"查找"下拉列表中的"高级查找",打开"查找和替换"对话框中的"查找"选项卡,在此对话框内可以进行带格式的查找或者特殊格式的查找,如图 6-18 所示。

图 6-17 查找导航

图 6-18 高级查找

（2）替换

ⅰ. 把文档中的"荷塘"替换成"Lotus pond"。

单击"开始"选项卡,在菜单功能区"编辑"组内单击"替换"按钮,打开"查找和替换"对话框中的"替换"选项卡,在"查找内容"项后面输入"荷塘",在"替换为"后面输入"Lotus pond",如图 6-19 所示。

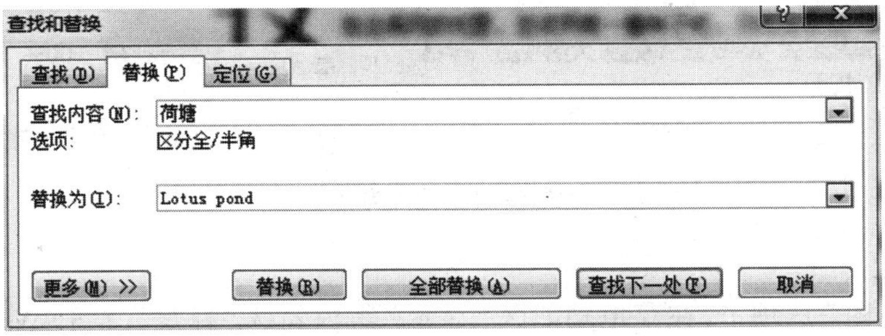

图 6-19 替换

小贴士

点击"替换"按钮替换一处,点击"全部替换"将文档中所有要替换的内容全部替换。

ii. 把文档中的"Lotus pond"替换成"Lotus pond"(西文字体:Magneto,字号:三号,字体颜色:红色,字形:加粗)。

单击"查找和替换"对话框中的"更多"按钮,在"格式"的"字体"扩展区里设置"Lotus Pond"字体:Magneto,三号,加粗,字体颜色:红色,如图6-20所示。

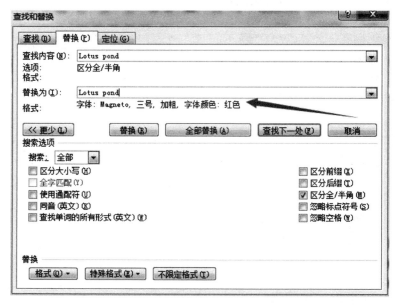

图6-20　带格式的替换

6.4.8　视图

单击"视图"选项卡,在菜单功能区"文档视图"组内有页面视图、阅读版式视图、Web 版式视图、大纲视图和草稿,如图6-21所示。

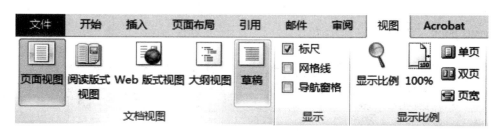

图6-21　视图方式

(1)标尺

单击"视图"选项卡,在菜单功能区"显示"组内勾选"标尺",打开 Word 的标尺功能,如图6-22所示。

图 6-22　标尺

（2）网格线

勾选"网格线"，可以在 Word 文档中显示网格线。

（3）导航窗格

勾选"导航窗格"，在 Word 文档中显示导航窗格，如图 6-23 所示。

图 6-23　导航窗格

三类导航：浏览文档标题、浏览文档页面和浏览搜索结果。

课外练习

该练习包含以下任务，由读者独立完成。

要求：打开文档"实验 6 课外作业（素材）.docx"完成以下任务，并将结果保存为"实验 6 课外作业（结果）.docx"，最终完成样张可参考"实验 6 课外作业（结果参考）.pdf"。

（1）将标题"十二生肖"的样式设置为"标题 1"。

（2）将"占星学名词"的样式设置为"明显强调"，并居中对齐。

（3）将以"两千多年前希腊的天文学家……"为首的自然段移动到文章末。

（4）设置标题"十二生肖"字符间距缩放：120%；文字效果：文本填充；渐变填充：孔雀开屏；文本边框：实线。

（5）设置副标题"占星学名词"的文本效果,轮廓:红色;阴影:外部向右偏移;映像:全映像,8pt 偏移量。

（6）设置"星座简介"字体:黑体,加粗,四号。

（7）利用格式刷将"星座由来"、"可爱版的十二星座"设置成与"星座简介"相同的字体。

（8）设置"星座简介"、"星座由来"、"可爱版的十二星座"的编号为:[4]、[5]、[6]。

（9）设置"在道家与西方占星学上……"自然段,首行缩进:2 字符;段前:0.5 行;段后:0.5 行;1.25 倍行距。

（10）设置"十二星座即黄道十二宫……"自然段,首字下沉 4 行,楷体,距正文 0.4 厘米。

（11）设置"古代为了要方便在航海时辨……"自然段,左缩进:2 字符,右缩进:2 厘米。

（12）设置"我们一般谈论的『星座』……"自然段,悬挂缩进:4 字符。

（13）设置"两千多年前希腊的……"自然段,分栏:3 栏,加分隔线。

实验 7　图文混排

7.1　实验目的

通过实验掌握 Word 2010 中的图片编辑功能,如自选图形、文本框、艺术字等格式设置。

7.2　知识要点

如果整篇文章都是文字,没有任何修饰性的内容,这样的文档在阅读时不仅缺乏吸引力,而且会使读者阅读起来感觉劳累。Word 2010 具有强大的图文混排功能,它不仅提供了大量的图形和剪贴画,而且还提供了多种形式的文本框、艺术字和公式。

7.3　实验任务和要求

(1)掌握图片的插入与修饰;
(2)了解自选图形的编辑;
(3)掌握艺术字的格式设置;
(4)了解文本框的操作方法。

7.4　实验内容及操作步骤

7.4.1　剪贴画

(1)单击"插入"选项卡,在菜单功能区"插图"组内单击"剪贴画",如图 7-1 所示。

图 7-1　插入剪贴画

(2)在"剪贴画"任务窗格的"搜索文字"文本框中键入描述所需剪贴画的单词或词组,或键入剪贴画文件的全部或部分文件名。若要修改搜索范围,请执行下列两项操作或其中之一:

i. 若要将搜索范围扩展为包括 Web 上的剪贴画,请选中"包括 Office.com 内容"复选框。

ii. 若要将搜索结果限制为特定媒体类型,请单击"结果类型"下拉列表,并选中"插图""照片""视频"或"音频"旁边的复选框。

（3）单击"搜索"。

（4）在结果列表中单击所需剪贴画将其插入。

小贴士

若要调整剪贴画的大小，请先在文档中选中剪贴画。若要在一个或多个方向缩小或增大图片，请将尺寸控点拖向或拖离中心，同时执行下列操作之一：

（1）若要保持对象中心的位置不变，请在拖动尺寸控点时按住"Ctrl"键。

（2）若要保持对象的比例，请在拖动尺寸控点时按住"Shift"键。

（3）若要保持对象的比例并保持其中心位置不变，请在拖动尺寸控点时同时按住"Ctrl"和"Shift"键。

7.4.2　图片

（1）插入图片

打开"实验7图文混排（素材）.docx"文件，将光标放在"其次，要多向高年级的同学请教"末尾，单击"插入"选项卡，在菜单功能区"插图"组内单击"图片"，打开插入图片对话框，选择图片"Word图片设计.jpg"，如图7-2所示。

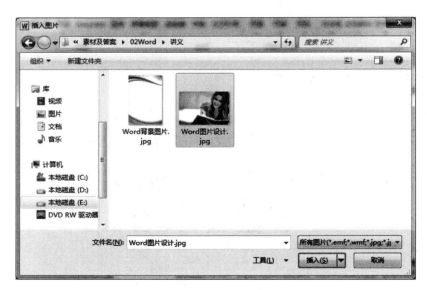

图7-2　插入图片

（2）更改图片大小

i. 选中步骤（1）插入的图片。

ii. 单击"图片工具"选项卡，在菜单功能区"大小"组内将图片的高度设为"4厘米"，宽度会根据图片的高度缩放比例自动设置。

小贴士

如果需要不等比缩放,单击"大小"组内右下角的对话框启动图标▣,打开"布局"对话框,在"大小"选项卡中取消选中"锁定纵横比"复选框,即可实现不等比缩放,如图 7-3 所示。

图 7-3 "布局"对话框的"大小"选项卡

(3) 图片的裁剪

i. 选中"大学新生要学会自己来确定学习目标……"段落中的图片。

ii. 单击"图片工具"选项卡,在菜单功能区"大小"组内单击"裁剪"。可以从 4 个方向裁剪图片,如图 7-4 和图 7-5 所示。

图 7-4 裁剪前

图 7-5 裁剪后

(4) 更改图片样式

1-i. 选中"新生在平时的生活和学习中……"段落中的图片。

1-ii. 单击"图片工具"选项卡,在菜单功能区"图片样式"组内单击"柔化边缘矩形"样式,效果如图 7-6 所示。

图 7-6 "柔化边缘矩形"效果

1-iii. 在"图片样式"组内单击"图片边框"可以更改图片边框的颜色、粗细及虚实。

2-i. 选择"首先对自己在近期……"段落中的图片。

2-ii. 在"图片样式"组内单击"图片效果"可以设置图片的特效效果,如将该图设置为"三维旋转"的"平行"中的"等长顶部朝上",效果如图 7-7 所示。

图 7-7 图片特效

3-i. 选择"在中学里面,学习成绩的好坏……"段落中的图片。

3-ii. 单击"图片版式",可以将图片设置为各种题注版式,如将该图片设置为"六边形群集"的版式,并输入文本内容"大学生活",最终效果如图 7-8 所示。

图 7-8 图片版式

小贴士

单击"图片版式"中的任一版式都可以打开 Word 的"SmartArt 工具"下的"设计"组项,可以更改或修饰各种 SmartArt 样式及布局,如图 7-9 所示。

图 7-9　SmartArt 工具中的设计组项

3-iii. 打开 Word 的"SmartArt 工具"下的"格式"组项,可以更改或修饰各种形状样式及艺术字样式等,如图 7-10 所示。

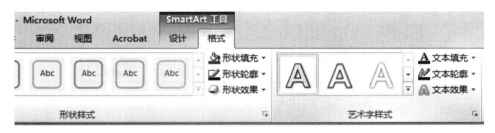

图 7-10　SmartArt 工具中的格式组项

(5) 文字环绕方式

i. 选择"正确地进行自我评价……"段落中的图片。

ii. 单击"图片工具"选项卡,在菜单功能区"排列"组内单击"自动换行",在下拉列表中选择"紧密型环绕",如图 7-11 所示。

图 7-11　文字环绕方式

单击"其他布局选项",打开"布局"的"文字环绕"设置对话框,如图 7-12 所示。

图 7-12　文字环绕

（6）图片排列方式

i. 选择"英国心理学家克列尔……"段落中的图片。

ii. 单击"图片工具"选项卡,在菜单功能区"排列"组内单击"位置",在下拉列表中选择"文字环绕"中的"中间居中,四周型文字环绕",如图 7-13 所示。

图 7-13　位置布局

小贴士

单击"其他布局选项",打开"布局"的"位置"设置对话框。

（7）调整图片

i. 在"调整"组内单击"更正",可以更改图片的亮度和对比度。点击"图片更正选项"可以打开"设置图片格式"对话框,如图7-14所示。

图7-14　设置图片格式

ii. 在"调整"组内单击"颜色"可以设置图片的"饱和度"、"色调"等。

iii. 在"调整"组内单击"艺术效果"可以设置图片的艺术效果。

7.4.3　自选图形

（1）单击"插入"选项卡,在菜单功能区"插图"组内单击"形状",在下拉列表"星与旗帜"中选中"上凸弯带型"后按住鼠标左键拖动即会出现如图7-15所示的自选图形。

图7-15　自选图

（2）右击自选图形,选择"添加文字",可以输入文字,如"自选图形"。

（3）选中自选图形后图形上会出现白点和黄点。白点可以调整图形外框的大小,黄点可以调整图形内部框的大小。

（4）右击自选图形,选择"设置形状格式",可以在"设置形状格式"对话框中设置自选图形的形状格式。

7.4.4 文本框

（1）单击"插入"选项卡，在菜单功能区"文本"组内单击"文本框"，在下拉列表中选择"绘制文本框"，鼠标变成"+"形状，按住鼠标左键拖动会出现文本框，如图7-16所示。

文本框设置

图7-16 文本框

（2）右击文本框，选择"编辑文字"，可以输入文字，如"文本框设置"（居中）。

（3）选中文本框后会出现白点和绿点。白点可以调整文本框的大小，绿点可以调整文本框的方向。

（4）右击文本框，选择"设置形状格式"，可以设置文本框的形状格式。

需要插入竖排文本框时，在"文本框"下拉列表中选择"绘制竖排文本框"。

7.4.5 艺术字

（1）单击"插入"选项卡，在菜单功能区"文本"组内单击"艺术字"，在下拉列表中选择艺术字字体样式，如"渐变填充，橙色，强调文字颜色6，内部阴影"。

（2）在艺术字的文本框中输入文字，如"艺术字格式设置"。

（3）类似图片的格式设置方法，选中艺术字，单击"绘图工具"中的"格式"项，在菜单功能区"形状样式"组内可以设置艺术字的形状填充、形状轮廓和形状效果。如将形状轮廓设置为"红色"，形状效果设为"发光"："红色，18pt发光，强调文字颜色2"，如图7-17所示。

（4）在"艺术字样式"组内，可以设定文本填充、文本轮廓和文本效果等。

艺术字格式设置

图7-17 艺术字样式设定

7.4.6 公式

（1）单击"插入"选项卡，在菜单功能区"符号"组内单击"公式"的下拉箭头，在下拉列表中"内置公式"下选择公式或点击"插入新公式"，在编辑框中输入公式。

（2）单击"插入"选项卡，在菜单功能区"符号"组内单击"公式"，在"结构"组中单击"极限和对数"，在下拉列表中选择"$\lim_{n\to\infty}\left(1+\frac{1}{n}\right)^n$"，插入一个新公式，如图7-18所示。

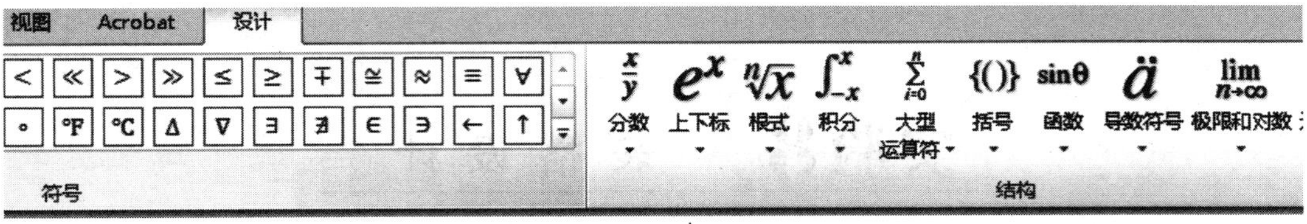

图7-18 插入新公式

小贴士

　　选中公式,用菜单栏"设计"选项卡中的"结构"组,可以对公式进行修改。

课外练习

　　该练习包含以下任务,由读者独立完成。

　　要求:打开文档"实验7课外作业(素材).docx"完成以下任务,并将结果保存为"实验7课外作业(结果).docx",最终完成样张可参考"实验7课外作业(结果参考).pdf"。

　　(1)在"牡丹为我国的特产名花……"段落中,插入剪贴画"植物",第一张图片"j0281904.wmf",并设置高度和宽度均为"2厘米",版式为"紧密型"。

　　(2)在文章中插入图形"笑脸",笑脸的形状填充为"渐变效果,心如止水";"大小"组内的宽和高均设为"2.5厘米";"排列"组中的位置选为"中间居中,四周型文字环绕"。

　　(3)在"洛阳为牡丹花城……"段落中插入文本框,文本框的高度设为"4厘米",宽度设为"6厘米";线宽设为"3磅";文字环绕选择"四周型,只在左侧"。

　　(4)在文本框内插入图片"实验7牡丹.jpg",并输入文字:"牡丹——花中之王"(部分格式可参考样张排版)。

　　(5)将标题"牡丹——花中之王"更改为艺术字,形状样式选为"细微效果-红色,强调颜色2";艺术字样式选为"填充-红色,强调文字颜色2,粗糙棱台"。

　　(6)在文章末尾添加公式

$$Q=\sqrt{\frac{x+y}{x-y}(\int_{\frac{\pi}{2}}^{\pi}(1-\cos^2 x\mathrm{d}x)}$$

实验 8 表 格 设 计

8.1 实验目的

通过实验掌握 Word 2010 表格的设计方法,了解表格和文本互换。

8.2 知识要点

表格是由一系列彼此相连的方框组成的,每个方框称为一个单元格,每个单元格都相当于一个小的文本编辑器,各种编辑操作都可以在单元格中进行。表格中可以包含文本、图形、数值等。

8.3 实验任务和要求

(1)掌握表格的建立、编辑、格式设置方法;
(2)了解表格与文本的相互转换。

8.4 实验内容及操作步骤

8.4.1 表格的制作

表 8-1 最终完成结果

姓名\科目		高等数学	大学英语	计算机基础	总分
本科生	郑云杰	71	81	77	229
	赵越	77	73	93	243
	周东鸣	85	90	94	269
专科生	张天庆	78	66	99	243
	许静	60	67	64	191
平均分		74.20	75.40	85.40	235.00

(1)创建表格

i. 单击"插入"选项卡,在菜单功能区中的"表格"组内单击"表格",在下拉列表中选择"插入表格",打开"插入表格"对话框。

ii. 在"插入表格"对话框内设置列数为"6",行数为"7",如图 8-1 所示。

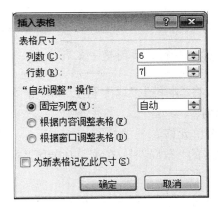

图 8-1　插入表格

　　为了有效设置表格,在插入表格时,首先要观察表格,按照每根线直行到底的方式,尽量以表格的最大行数和最大列数为原始表格。

（2）合并单元格

i. 选中第一行的第 1 列和第 2 列两个单元格。

ii. 在"表格工具"选项卡"布局"中的"合并"组内单击"合并单元格",则可将选中的两个单元格合并为一个单元格,如图 8-2 所示。

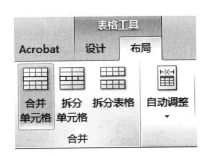

图 8-2　合并单元格

　　"合并"组内的"拆分单元格"是将单元格拆分,需要提供行、列数值（如图 8-3 所示）。

图 8-3　拆分单元格

小贴士

"拆分表格"是在光标所在行重新创建一张表格。

练习：按照表8-1所示,将"本科生"、"专科生"和"平均分"所在单元格合并。

（3）删除（插入）行或列

i. 选中某一行、列或某个单元格。

ii. 在"表格工具"选项卡的"布局"中,在菜单功能区"行和列"组内单击"删除",可进行各种删除操作,如图8-4所示。

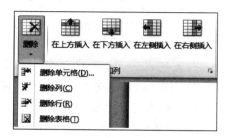

图8-4　删除行或列

（4）斜线表头

i. 选中第一个单元格。

ii. 在"表格工具"选项卡的"设计"中,在菜单功能区"表格样式"组内单击"边框"选项卡右侧的向下箭头,在下拉列表中选择"斜下框线",如图8-5所示。

图8-5　绘制斜线表头

8.4.2 表格设置

（1）行高设置

i. 选中第一行。

ii. 在"表格工具"选项卡的"布局"中,在菜单功能区的"单元格大小"组内,将"高度"设置为"1.2 厘米"。

练习：将其余行高设置为 1 厘米。

> 同样的方式,可以设置列宽度或者是自动列宽。

（2）平均分布各行或各列

i. 选中"张天庆"和"许静"所在行。

ii. 在"表格工具"选项卡的"布局"中,在菜单功能区的"单元格大小"组内单击"分布行",将这两行高度平均分布,如图 8-6 所示。

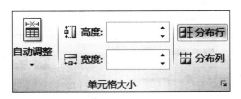

图 8-6　平均分布各行

（3）文字方向

i. 选中"本科生"单元格。

ii. 在"表格工具"选项卡的"布局"中,在菜单功能区的"对齐方式"组内单击"文字方向",将文字设置为竖排文字。

练习：同样的方式,将"专科生"也设为竖排文字。

（4）单元格内容对齐方式

i. 选中表格全部内容。

ii. 在"表格工具"选项卡的"布局"中,在菜单功能区的"对齐方式"组内点击"水平居中",将表格中所有文字居中对齐。

（5）表格边框

i. 将表格外框线设为外粗内细的蓝色线条。

a. 选中表格全部内容。

b. 在"表格工具"选项卡的"设计"中,在菜单功能区的"绘图边框"组内先选择"绘图边框"中的"线型",再选择"粗细",最后选择"颜色"。

c. 在"表格样式"组内点击"边框"下拉列表,将该设定应用至所需设置的框线,如图 8-7 所示。

图 8-7　设置边框

读者也可以通过打开"边框和底纹"对话框进行设置（如图 8-8 所示）。

图 8-8　"边框和底纹"对话框

ii. 将表格中的"本科生"和"专科生"用双线分开。

a. 在"表格工具"选项卡的"设计"中,在菜单功能区的"绘图边框"组中选择线型、粗细、颜色。

b. 鼠标变成"画笔"形状,依次点击所需要设置的每一根线。

（6）表格（单元格）底纹

i. 选中第一行的"高等数学""大学英语""计算机基础"和"总分"单元格。

ii. 在"表格工具"选项卡的"设计"中,在菜单功能区的"表格样式"组内单击"底纹",选择"橙色"。

读者也可以通过打开"边框和底纹"对话框设置单元格、文字、表格等的底纹（如图 8-9 所示）。

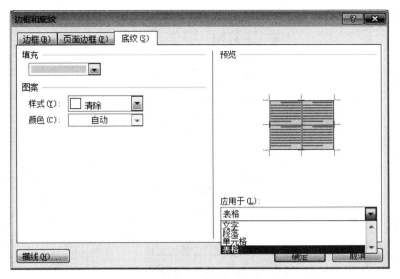

图 8-9　底纹设置

8.4.3　表格公式

（1）计算出每位学生的总分

i. 光标定位在"郑云杰"的"总分"单元格内。

ii. 在"表格工具"选项卡的"布局"中,在菜单功能区的"数据"组内单击"公式",打开"公式"对话框,如图 8-10 所示。

iii. 得出郑云杰的总分为"229"。

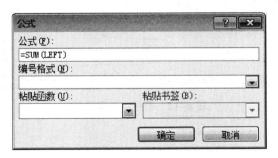

图 8-10　表格中的求和

练习：计算其他学生的总分。

小贴士

　　如果表格中的数据发生变化,需要右击计算值区域,选择"更新域",重新计算结果（如图 8-11 所示）。

图 8-11　更新域

（2）计算各门功课的平均分

i. 光标定位在"高等数学"的"平均分"单元格内。

ii. 在"公式"对话框中，"粘贴函数"选"AVERAGE"，括号内填"ABOVE"，"编号格式"选"0.00"，如图 8-12 所示。

图 8-12　表格中的平均值

iii. 得出高等数学的平均分为"74.20"。

（3）标题行重复

表格跨页显示时表格的标题行不会在后续页显示。想要标题行重复，可以选中表格第一行，在"表格工具"的"布局"中，在菜单功能区的"数据"组内单击"重复标题行"即可。

> **小贴士**
>
> 　　如果标题行没有重复则有两种可能：
>
> a. 表格内容少于两页；
>
> b. 在"表格属性"对话框的"行"选项卡中未勾选"在各页顶端以标题形式重复出现"（如图 8-13 所示）。

图 8-13　设置标题行重复出现

8.4.4　表格转化为文本

i. 选中表格。

ii. 单击"表格工具"的"布局"，在菜单功能区的"数据"组内单击"转换为文本"，打开"表格转换成文本"对话框，如图 8-14 所示，设置文字分隔符即可。

图 8-14　表格转换成文本

小贴士

　　单击"插入"选项卡，在菜单功能区的"表格"组内单击"表格"，在下拉列表中选择"文本转换成表格"，可以将文字内容转换成表格，如图 8-15 所示。

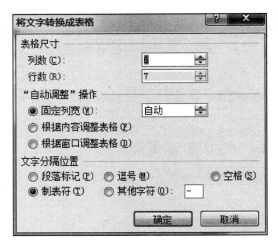

图 8-15 文本转换成表格

课外练习

该练习包含以下任务,由读者独立完成。

(1) 要求:新建 Word 文档,并将结果保存为"实验 8 课外作业 1(结果).docx",最终完成的样张可参考"实验 8 课外作业(结果参考).pdf"第一页。

①标题:"个人信息登记表",黑体,四号;其他字体:默认,表格文字:水平居中(竖排文字:中部居中)。

②表格第一行到第六行行高 1 厘米,第七行行高 5 厘米。

③"基本情况"所在列列宽 1.2 厘米;"姓名"所在列、"性别"所在列、"民族"所在列为自动列宽。

④设置"姓名"的列宽:3 厘米;"性别"的列宽:1 厘米;"民族"的列宽:2 厘米,"照片"的列宽:3 厘米。

⑤插入"照片.jpg",并设置宽和高均为 2.8 厘米。

⑥设置"获奖时间"和"何种奖励"所在单元格填充颜色为黄色;图案样式为浅色竖线;颜色为蓝色。

⑦表格外框线:双实线,0.5 磅;"联系方式"的分割线:单实线,1.5 磅。

(2) 要求:新建 Word 文档,并将结果保存为"实验 8 课外作业 2(结果).docx",最终完成样张可参考"实验 8 课外作业(结果参考).pdf"第二页。

①表格行高为 0.8 厘米,第一列 2.7 厘米,其他列 1.75 厘米。

②剪贴画:文件名"j0293844.wmf";高度 1.6 厘米,宽度 1.5 厘米;版式为紧密型。

③"某公司 7 ~ 12 月销售情况统计表"格式为:楷体,三号。

④计算销售最高值和平均值,平均值保留到整数位。

⑤表格外框线设置为"⬛⬛⬛⬛⬛",宽度为 0.75 磅;第一行的下框线设置为"▨▨▨▨▨▨"。

实验9 页面管理

9.1 实验目的

通过实验掌握文档的页面设置,封面、水印、页码、页眉/页脚、分页符等有关页面的设置。

9.2 知识要点

在编辑文档的过程中,为了使文档页面更加美观,可以根据需求对文档的页面进行布局,如设置页面大小和方向、页边距、装订线、设置封面、插入水印、页眉和页脚以及页码等,从而制作出一个较为严谨的文档版面。

9.3 实验任务和要求

(1)掌握文档的页面设置;

(2)了解文档封面的制作;

(3)了解水印的制作;

(4)掌握页眉/页脚和页码的设置;

(5)了解分隔符的概念。

9.4 实验内容及操作步骤

打开"实验9 文档页面管理(素材).docx"文件,根据以下实验内容完成操作。

9.4.1 页面设置

(1)设置纸张类型

i. 单击"页面布局"选项卡,在菜单功能区"页面设置"组内单击"纸张方向",在下拉列表中选择"纵向"。

ii. 在菜单功能区"页面设置"组内单击"纸张大小",在下拉列表中选择"A4"。

如果需要设置为其他纸张大小,可在"页面设置"对话框的"纸张"选项卡中设定。

(2)设置页边距

i. 单击"页面布局"选项卡,在菜单功能区"页面设置"组内单击"页边距",在下拉列表中选择"自定义边距",打开"页面设置"对话框。

ii. 在"页边距"选项卡中设置上、下、左、右的页边距分别为3.5厘米、3.5厘米、2厘米、2厘米;装订线为1厘米,装订线位置选择左侧,如图9-1所示。

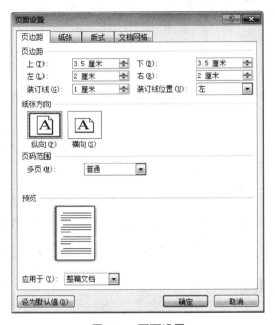

图9-1 页面设置

9.4.2 封面

i. 单击"插入"选项卡,在菜单功能区"页"组内单击"封面",在下拉列表中选择"传统型",插入一传统型封面,如图9-2所示。

图9-2 插入封面

ii. 设置标题"大学生如何适应新生活",副标题、公司、日期等读者自己定义。

9.4.3 页面背景

（1）页面颜色

i. 单击"页面布局"选项卡,在菜单功能区"页面背景"组内单击"页面颜色",在下拉列表中选择"填充效果",如图 9-3 所示,打开"填充效果"对话框。

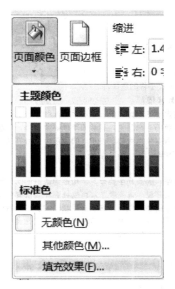

图 9-3 填充效果

ii. 在"填充效果"对话框的"图片"选项卡内点击"选择图片",将"Word 背景图片"设置为当前背景,如图 9-4 所示。

图 9-4 设置背景图片

iii. 最终完成效果如图 9-5 所示。

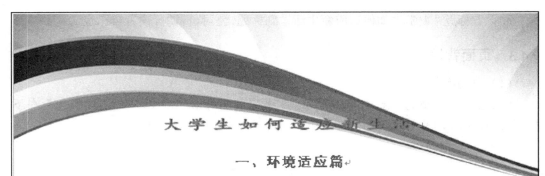

图9-5 完成效果图

小贴士

填充效果中有"渐变""纹理""图案"和"图片"四种设置方式,每种设置效果都相互独立,不能并存。

（2）水印

单击"页面布局"选项卡,在菜单功能区"页面背景"组内单击"水印",在下拉列表中选择"自定义水印",打开"水印"设置对话框,如图9-6所示。

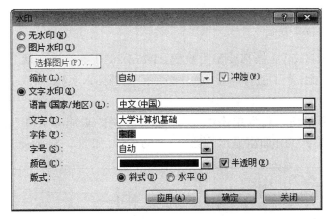

图 9-6　水印设置

9.4.4　分隔符

（1）分页符

光标放在"一、环境适应篇"前，单击"页面布局"选项卡，在"页面设置"组内单击"分隔符"，在下拉列表中选择"分页符"，如图 9-7 所示，在此处插入一个分页符。

图 9-7　分页符

同样的方法，在二、三、四前面分别插入分页符。

> **小贴士**
>
> 分栏符：指示分栏符后面的文字将从下一栏顶部开始。
>
> 自动换行符：结束当前行，并强制文字在图片、表格或其他项目的下方继续。

（2）分节符

下一页：光标当前位置后的全部内容将移到下一页面。

连续：在插入点位置添加一个分节符，新节从当前页开始。

偶数页：光标当前位置后的内容将转至下一个偶数页上，Word 自动在偶数页之前空出一页。

奇数页：光标当前位置后的内容将转至下一个奇数页上，Word 自动在奇数页之前空出一页。

9.4.5 页码、页眉和页脚

一般来说,任何一篇文档都要编上页码,Word 2010 虽然能自动分页,但不会自动为文档加上页码。因此,为了能打印出页码,必须给文档插入页码。

（1）页码

i. 选中"一、环境适应篇",单击"插入"选项卡,在"页眉和页脚"组内单击"页码",选择"页面底端"格式为"加粗显示的数字1"的页脚,如图9-8所示。

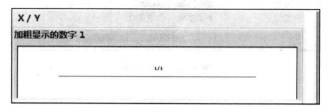

图 9-8　插入页码

ii. 点击"页码"下拉列表中的"设置页码格式",可以设置页码的其他格式,如图9-9所示。

图 9-9　页码格式

（2）页眉

i. 单击"插入"选项卡,在"页眉和页脚"组内单击"页眉",在"内置"下选择"空白",可在文档中插入空白页眉,如图9-10所示。

图 9-10　插入空白页眉

ii. 在页眉的"键入文字"部分输入"大学生如何适应新生活",页眉设置完成。

（3）页脚

页脚的插入方法与插入页眉的方法相似,值得注意的是,当插入页脚时,原来设置的页脚内容将被清除。

（4）页眉和页脚工具

双击页眉内容,进入"页眉和页脚工具"的"设计"选项。

i. 勾选"选项"组中的"首页不同",则可为第一页设置不同的页眉和页脚。

ii. 勾选"选项"组中的"奇偶页不同",则可对奇数页和偶数页设置不同的页眉和页脚（注意：原来的设置保留在奇数页,首页除外）,将偶数页页眉设置为"文档页面管理",单击"页眉和眉脚"组内的"页码",点击"页面底端"后选择"加粗显示的数字3"设置页码。

iii. 在"位置"组中,可以设置页眉、页脚的高度等。

课外练习

该练习包含以下任务,由读者独立完成。

要求：打开"实验9课外作业（素材）.docx",最终完成的样张参见"实验9课外作业（结果参考）.pdf"。

（1）设置纸张方向为纵向,上下边距2.5厘米,左右边距3.2厘米,装订线位于上1厘米。

（2）插入透视型封面,标题为"蝴蝶泉",副标题为"——大理蝴蝶泉",将封面中图片更改为"蝴蝶泉 .jpg"。

（3）设置水印为"旅游景点",楷体,水平,红色。

（4）设置奇数页页眉为"大理三叠泉",空白型;偶数页页眉为"旅游景点,三叠泉,大理",空白三栏型;页脚为传统型。

（5）在"位置"和"成因"前插入分页符。

实验10 长文档排版 *

10.1 实验目的

通过实验了解文档目录、脚注与题注的建立,文档的批注以及限制文档修改的相关操作。

10.2 实验任务和要求

（1）创建文档目录；
（2）对文档的内容添加脚注和题注；
（3）修改文档,增加文档批注；
（4）设置口令级的文档修改方式。

10.3 实验内容及操作步骤

10.3.1 创建文档目录

设置文档目录,必须先将文档中需要在目录中显示的内容设置为标题格式（设置方法见实验6）。

i. 打开"实验10Word长文档的排版（素材）.docx",光标置于标题下,单击"引用"选项卡,在菜单功能区"目录"组内单击"目录",在下拉列表中选择"自动目录1",Word自动创建目录,如图10-1所示。

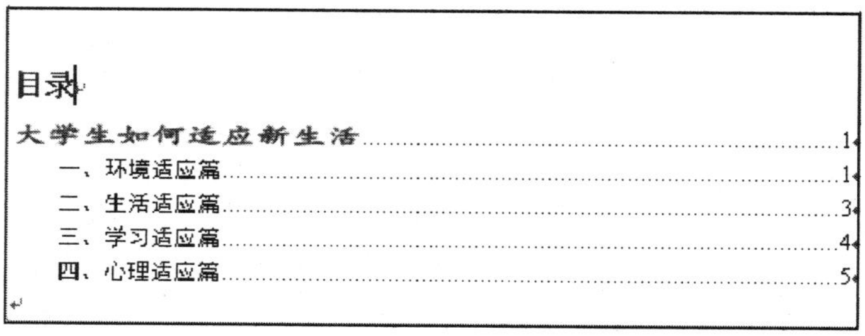

目录
大学生如何适应新生活 1
　一、环境适应篇 1
　二、生活适应篇 3
　三、学习适应篇 4
　四、心理适应篇 5

图10-1 自动目录

ii. 在"目录"下拉列表中选择"插入目录",则会打开"目录"设置对话框,手动设置目录内容,如图10-2所示。

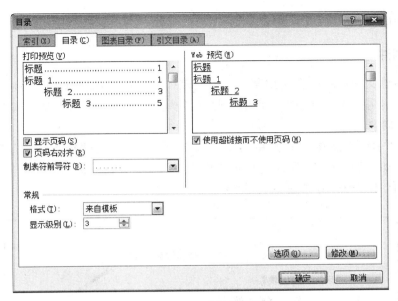

图 10-2　手动设置目录

小贴士

如果修改目录内容或页码，则需要更新目录内容。右击目录，选择"更新域"，弹出"更新目录"对话框，选择"只更新页码"→"更新整个目录"，更新目录所有内容，如图 10-3 所示。

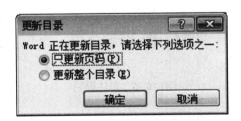

图 10-3　更新目录

10.3.2　题注

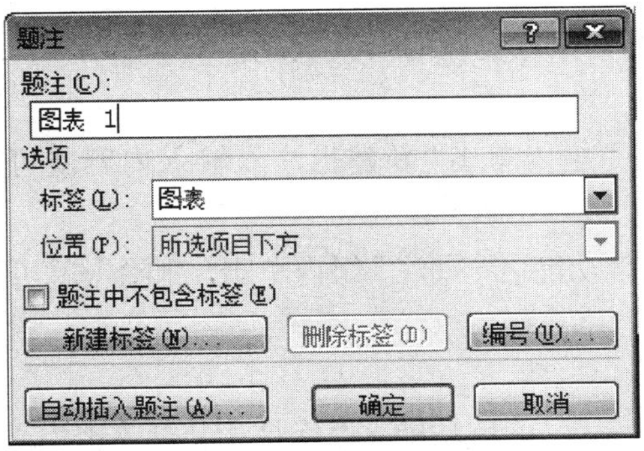

如果 Word 2010 文档中含有大量图片，为了能更好地管理这些图片，可以为图片添加题注。添加了题注的图片会获得一个编号，并且在删除或添加图片时，所有的图片编号会自动改变，以保持编号的连续性。

i. 单击"引用"选项卡，在菜单功能区"题注"组内单击"插入题注"，打开"题注"对话框，如图 10-4 所示。

ii. 单击"新建标签"可以自己定义图片

图 10-4　题注

的标签；单击"编号"，可以设置编号格式。

10.3.3　脚注

在编写论文的过程中会引用某些参考文献中的观点，为了使论文更加严谨，应在论文中对这些引用的内容添加引用说明。此时，使用 Word 2010 中的"插入脚注"功能，就能轻松解决问题。

i. 单击"引用"选项卡，在菜单功能区的"脚注"组内单击"插入脚注"，在引用脚注的地方会自动添加上标 1（系统将根据文档中已添加的脚注个数，自动按位置的前后顺序排号，如 1，2，3……），如图 10-5 所示。

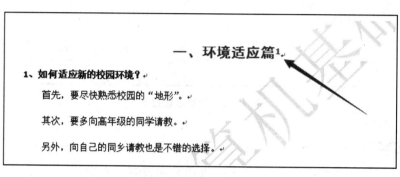

图 10-5　脚注上标

ii. 在页面的底端输入对应序号的说明，如图 10-6 所示。

图 10-6　脚注说明

iii. 完成脚注信息后，只需将鼠标指向正文中的脚注序号，便可在文档正文的对应位置上随时查看到该说明。

10.3.4　批注

批注是为了帮助阅读者更好地理解文档内容并跟踪文档的修改状况。

（1）新建或删除批注

i. 单击"审阅"选项卡，在菜单功能区"批注"组内单击"新建批注"，输入内容就可以实现批注。

ii. 选中某条批注，单击"审阅"选项卡，在菜单功能区"批注"组内单击"删除"，就可以实现批注的删除。

（2）批注的三种显示方式

i. 在批注框中显示修订。单击"审阅"选项卡，在菜单功能区"修订"组内单击"显示标记"，在下拉列表的"批注框"中选择"在批注框中显示修订"，如图 10-7 所示。

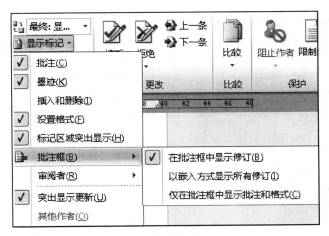

图 10-7 批注的显示方式

ii. 显示效果如图 10-8 所示。

图 10-8 在批注框内显示批注

iii. 以嵌入方式显示所有修订,效果如图 10-9 所示。

图 10-9 以嵌入方式显示所有修订

iv. 仅在批注框中显示批注和格式,效果如图 10-10 所示。

图 10-10 仅在批注框中显示批注和格式

10.3.5 限制编辑

i. 点击"审阅"选项卡,在菜单项"保护"组内单击"限制编辑",打开"限制格式和编辑"任务窗格,如图 10-11 所示。

ii. 勾选"格式设置限制"可以设置样式和格式限制。

iii. 勾选"编辑限制"可以设定文档编辑限制以及用户限制,如图 10-12 所示。

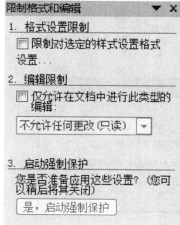

图 10-11　限制格式和编辑

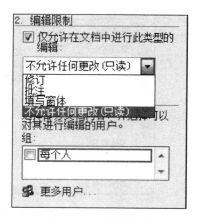

图 10-12　编辑限制

iv. 点击"启动强制保护"，输入密码进行文档保护即可，如图 10-13 所示。

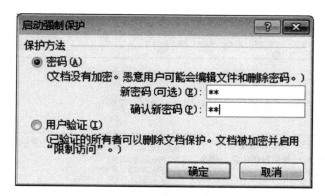

图 10-13　启动强制保护

课外练习

该练习包含以下任务，由读者独立完成。

（1）练习给文档加题注、脚注和批注。

（2）练习自动生成目录。

（3）练习文档加密。

第三部分
电子表格

Microsoft Excel 是微软公司的办公软件 Microsoft office 中的套装软件之一，是由 Microsoft 为 Windows 和 Apple Macintosh 操作系统的计算机编写和运行的一款试算表软件。Excel 是微软办公套装软件的一个重要组成部分，它可以进行各种数据的处理、统计分析和辅助决策操作，广泛应用于管理、统计财经、金融等众多领域。

Excel 2010 具有强大的运算与分析能力。

Excel 2010 可以通过比以往更多的方法分析、管理和共享信息，从而做出更好、更明智的决策。全新的分析和可视化工具可跟踪和突出显示重要的数据趋势；可以在移动办公时从几乎所有 Web 浏览器或 Smartphone 中访问重要数据；甚至可以将文件上传到网站并与其他人同时在线协作。无论是要生成财务报表还是管理个人支出，使用 Excel 2010 都能够更高效、更灵活地实现目标。

实验11 工作表的基本操作

11.1 实验目的

掌握 Excel 2010 的基本操作方法和使用技巧,理解 Excel 2010 的工作簿、工作表和单元格的概念,掌握单元格的格式化以及美化工作表。

11.2 知识要点

Excel 2010 程序包含三个基本元素,分别是:工作簿、工作表和单元格。

11.2.1 工作簿

工作簿是 Excel 中用来存储并处理数据的文档,每个工作簿可以包含多张工作表。

11.2.2 工作表

每个工作表就是一个表格,用户可以在表格中处理数据,工作表由单元格组成。

11.2.3 单元格

单元格是工作表的基本单位,其命名是由"列标 + 行号"组成,例如 B4 单元格指的是第 B 列、第 4 行的单元格。单元格区域"A1：D5"表示从单元格 A1 到 D5 的矩形单元格区域。

11.3 实验任务和要求

（1）熟悉 Excel 2010 的工作界面；
（2）掌握工作表的基本操作；
（3）掌握行和列的设置方法；
（4）掌握单元格的基本设置；
（5）利用条件格式,对数据进行格式化；
（6）设置工作表的边框和底纹。

11.4 实验内容及操作步骤

11.4.1 Excel 2010 的工作界面

（1）使用 Excel 2010
打开 Excel 2010,进入 Excel 2010 的工作环境,如图 11-1 所示。

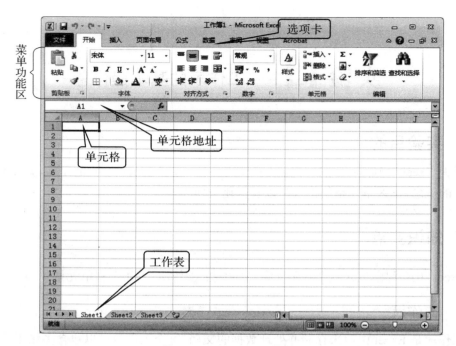

图 11-1　Excel 2010 界面

（2）保存工作簿

单击"文件"→"保存"，输入文件名，选定存放位置即可。

11.4.2　工作表的相关操作

（1）插入新的工作表

方法 1：选中"Sheet3"，单击"开始"选项卡，在菜单功能区"单元格"组内单击"插入"下拉列表中的"插入工作表"，如图 11-2 所示。

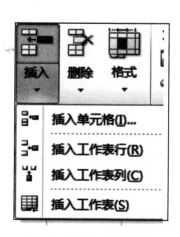

图 11-2　插入新工作表

方法 2：右击"Sheet3"，在上拉列表中单击"插入"，在"插入"对话框中选择"工作表"，单击"确定"按钮后，就会在"Sheet3"前插入一个名为"Sheet4"的工作表，如图 11-3 所示。

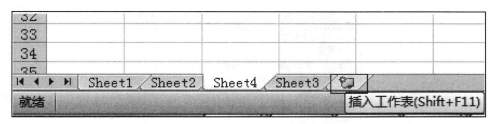

图 11-3 插入新工作表

使用快捷键"Shift+F11"可直接插入新工作表；点击 ![]图标也可直接插入新工作表。

（2）工作表重命名

将工作表"Sheet1"重命名为"成绩登记表"。

方法 1：选中"Sheet1"，单击"开始"选项卡，在菜单功能区"单元格"组内选择"格式"下拉列表中的"重命名工作表"，如图 11-4 所示，输入"成绩登记表"。

方法 2：右击"Sheet1"，在上拉列表中选择"重命名"，输入"成绩登记表"。

（3）设置工作表标签颜色

将"成绩登记表"的工作表标签设置为红色。

方法 1：选中"成绩登记表"，单击"开始"选项卡，在菜单功能区"单元格"组内选"格式"下拉列表中的"工作表标签颜色"，如图 11-4 所示，选择红色。

方法 2：右击"成绩登记表"，选择"工作表标签颜色"，选择红色。

（4）复制工作表

将"成绩登记表"复制到"Sheet4"前，并重命名为"成绩 -1"。

i. 右击"成绩登记表"，在上拉列表中选择"移动或复制"，弹出"移动或复制工作表"对话框，在"下列选定工作表之前"中选择"Sheet4"，并勾选"建立副本"，如图 11-5 所示。完成复制，工作表名称为"成绩登记表（2）"，如图 11-6 所示。

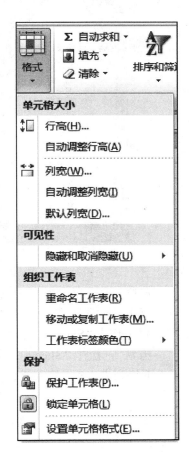

图 11-4 "格式"下拉列表

图 11-5　复制工作表

图 11-6　复制完成的工作表

ii. 将"成绩登记表（2）"重命名为"成绩 -1"。

（5）删除工作表

将工作表"Sheet4"删除。

方法 1：选中"Sheet4"，单击"开始"选项卡，在菜单功能区"单元格"组内选择"删除"下拉列表中的"删除工作表"，如图 11-7 所示。

图 11-7　删除工作表

方法 2：右击"Sheet4"，选择"删除"。

11.4.3 单元格的相关操作

（1）输入单元格内容

选中"成绩登记表"，选中 A2，在单元格中输入"学生成绩表"。

（2）合并单元格

选中"A2：I2"，单击"开始"选项卡，在菜单功能区"对齐方式"组内选择"合并后居中"。

（3）设置单元格格式

将"学号"列设置为文本格式。

方法 1：（简单设置）

选中"A6：A20"，单击"开始"选项卡，在菜单功能区"数字"组内选"常规"下拉列表中的"文本"，如图 11-8 所示。

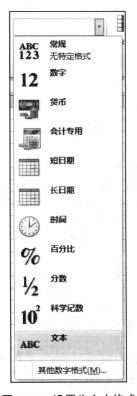

图 11-8　设置为文本格式

方法 2：（详细设置）

i. 选中"A6：A20"，单击"开始"选项卡，在菜单功能区"单元格"组内选"格式"下拉列表中的"设置单元格格式"命令，弹出"设置单元格格式"对话框。

ii. 在"数字"选项卡的"分类"中选择"文本"格式，如图 11-9 所示。

方法 3：选中"A6：A20"，右击选择"设置单元格格式"，按以上步骤完成。

思考：如何对"出生日期"进行设置？如何对数值型单元格进行设置？

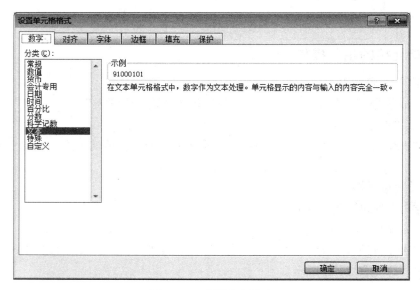

图 11-9　设置文本格式

（4）序列填充数据

方法 1：

i. 在 A6 中输入"012013001"，回车。

ii. 选中"A6：A10"，单击"开始"选项卡，在菜单功能区的"编辑"组内选择"填充"下拉列表中的"系列"，打开"序列"对话框，如图 11-10 所示，单击"确认"按钮后会自动填充数据。

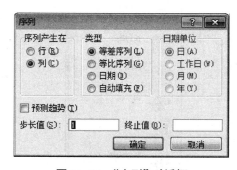

图 11-10　"序列"对话框

方法 2：光标移动到 A6 的右下角，变成"+"（简称填充柄）形状时，右键拖动"+"到 A10 的位置，右击后选择"序列填充"即可。

用同样的方法可将 A11 到 A15 序列填充 013013006 到 013013010；A16 到 A20 序列填充 014013011 到 014013015。并在"学制"列填充"本科""专科""专转本"等数据，结果如图 11-11 所示。

　　在 A6 单元格中，⌐6⌐012013001⌐，左上角有一个蓝色的三角符号标记，该标记表明文本框内数字型数据被强制转化为字符型处理。

◢	A	B	C	D	E	F	G	H	I
1									
2					学生成绩表				
3									
4									
5	学号	姓名	学制	出生年月	性别	高等数学	大学英语	计算机基础	C++程序设计
6	012013001	张天庆	专科	1988.9.10	男	78	66	99	88
7	012013002	许　静	专科	1987.9.5	女	60	67	64	95
8	012013003	肖　君	专科	1988.10.1	男	61	63	76	67
9	012013004	尹　慧	专科	1988.7.23	女	37	62	55	82
10	012013005	钟晓文	专科	1987.6.3	女	50	45	51	32
11	013013006	郑云杰	本科	1989.11.15	男	71	81	77	91
12	013013007	赵　越	本科	1988.8.8	男	77	73	93	90
13	013013008	周东鸣	本科	1988.3.12	男	85	90	94	97
14	013013009	叶雪梅	本科	1989.4.20	女	62	75	81	72
15	013013010	姚　斌	本科	1987.9.26	男	74	82	79	91
16	014013011	虞娜娜	专转本	1986.8.18	女	67	69	67	86
17	014013012	孙文海	专转本	1987.5.25	男	55	65	73	25
18	014013013	曾　伟	专转本	1986.12.9	男	71	79	84	92
19	014013014	朱亦宁	专转本	1987.2.16	女	73	89	80	84
20	014013015	柳　谦	专转本	1987.1.9	男	87	90	88	96

图 11–11　填充结果

11.4.4　工作表行和列操作

（1）插入行或列

单击"开始"选项卡，在菜单功能区"单元格"组内选择"插入"下拉列表中的"插入工作表行"或者"插入工作表列"。

（2）调整行高或列宽

单击"开始"选项卡，在菜单功能区"单元格"组内选"格式"下拉列表中的"行高"或"列宽"，在弹出的对话框的输入框内输入设定值。

选中第二行，设置该行行高为30，如图11-12所示。

图 11–12　设置行高

> **小贴士**
>
> "格式"下拉列表中的"自动调整行高"会根据本行的内容，自动调整行的高度；"格式"下拉列表中的"自动调整列宽"会根据本列的内容，自动调整列的宽度。

（3）删除行或列

在"成绩登记表"工作表中选中"出生日期"和"性别"列，单击"开始"选项卡，在菜单功能区"单元格"组内选择"删除"下拉列表中的"删除工作表列"。

11.4.5　工作表格式化

（1）将成绩小于60分的用红色显示

i．选中"D6:G20"单元格，单击"开始"选项卡，在菜单功能区"样式"组内选择"条件格式"下拉列表中的"突出显示单元格规则"里的"小于"，如图11-13所示，出现"小于"对话框。

图 11-13 "突出显示单元格规则"列表

ii. 在文本框内输入"60"即可,如图 11-14 所示。

图 11-14 单元格设置值

(2)将每门课程成绩的两个最高分设置为"黄填充色深黄色文本"

i. 选中"D6:D20"单元格,单击"开始"选项卡,在菜单功能区"样式"组内选择"条件格式"下拉列表中的"项目选取规则"里的"值最大的 10 项",如图 11-15 所示,出现

图 11-15 "项目选取规则"列表

"10 个最大的项"对话框。

ii. 在文本框内输入"2",在"设置为"后面选择"黄填充色深黄色文本",然后点击"确定"即可,如图 11-16 所示。

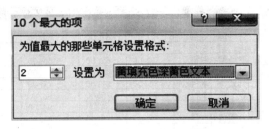

图 11-16　单元格颜色设置

iii. 用同样的方法将其余 3 门课程进行相同条件格式设置。

（3）删除"计算机基础"列的两个最高分的条件格式设置

i. 选中"F6:F20"单元格,单击"开始"选项卡,在菜单功能区"样式"组内选择"条件格式"下拉列表中的"管理规则",出现"条件格式规则管理器"对话框,如图 11-17 所示。

ii. 选中"前 2 个",点击删除规则。

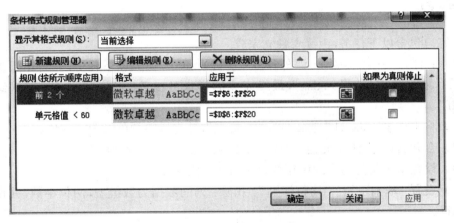

图 11-17　条件格式规则管理器

11.4.6　工作表美化

i. 设置标题"学生成绩表",字体为隶书,20 磅。

ii. 选中 A5 到 G20 单元格,单击"开始"选项卡,在菜单功能区"字体"组内选择"边框"下拉列表中的"所有框线"和"粗匣框线"。

iii. 选中 A5 到 G5 单元格,单击"开始"选项卡,在菜单功能区"字体"组内选择"填充颜色"下拉列表中的"蓝色",以及"字体"下拉列表中的"加粗",并设置居中。

iv. 选中 D6 到 G20 单元格,右击鼠标,选择"设置单元格格式",弹出"设置单元格格式"对话框,在"数字"选项卡的"分类"中选择"数值",在右侧的"小数位数"中选择"2",将学生成绩设置为两位小数,最终结果如图 11-18 所示。

	A	B	C	D	E	F	G
1							
2				学生成绩表			
3							
4							
5	学号	姓名	学制	高等数学	大学英语	计算机基础	C++程序设计
6	012013001	张天庆	专科	78.00	66.00	99.00	88.00
7	012013002	许 静	专科	60.00	67.00	64.00	95.00
8	012013003	肖 君	专科	61.00	63.00	76.00	67.00
9	012013004	尹 慧	专科	37.00	62.00	55.00	82.00
10	012013005	钟晓文	专科	50.00	45.00	51.00	32.00
11	013013006	郑云杰	本科	71.00	81.00	77.00	91.00
12	013013007	赵 越	本科	77.00	73.00	93.00	90.00
13	013013008	周东鸣	本科	85.00	90.00	94.00	97.00
14	013013009	叶雪梅	本科	62.00	75.00	81.00	72.00
15	013013010	姚 斌	本科	74.00	82.00	79.00	91.00
16	014013011	虞娜娜	专转本	67.00	69.00	67.00	86.00
17	014013012	孙文海	专转本	55.00	65.00	73.00	25.00
18	014013013	曾 伟	专转本	71.00	79.00	84.00	92.00
19	014013014	朱亦宁	专转本	73.00	89.00	80.00	84.00
20	014013015	柳 谦	专转本	87.00	90.00	88.00	96.00

图 11-18　最终结果图

课外练习

该练习包含以下任务,由读者独立完成。

要求:打开文档"实验 11 课外作业(素材).xlsx",完成以下任务,并将结果保存为"实验 11 课外作业(结果).xlsx",最终完成的样张可参考"实验 11 课外作业(结果参考).pdf"。

(1)将工作表"Sheet1"重命名为"工资表",并将标签颜色设置为红色。

(2)合并 A1 到 H1 单元格,并居中;并将该行的行高设置为 20。

(3)设置出生年月为"2001 年 3 月 14 日"的格式。

(4)设置"基本工资""岗位津贴""扣除"列的数据为数值型,两位小数,并使用千位分隔符。

(5)将"基本工资"的前 3 位用"浅红填充色深红色文本"显示,将"岗位津贴"使用"三向箭头(彩色)"标记。

(6)设置标题行"学院……扣除"底纹为黄色,并居中显示。

(7)设置单元格的框线为"所有框线",外部框线为"粗匣框线"。

实验 **12** 公式与函数

12.1 实验目的

掌握 Excel 2010 中公式与函数的使用。

12.2 知识要点

12.2.1 公式

输入公式时,首先必须输入等号"=",然后输入参与计算的单元格名字和运算符。如公式"=(A3+A4)*A5",运算符包括算术运算符、比较运算符、文本运算符和引用运算符。

12.2.2 函数

函数是预先定义的公式,常用的函数有数学和三角函数、逻辑函数、文本函数、日期和时间函数以及统计函数等。

函数一般包含三个部分:等号、函数名、参数。如"=SUM(A1:B4)"表示对"A1:B4"单元格区域内所有数据求和。

12.3 实验任务和要求

利用公式或函数对工作表中的数据进行处理。

12.4 实验内容及操作步骤

12.4.1 工作表中的数学运算

打开"实验 12 公式与函数(素材).xlsx",在"公式与函数"工作表中,利用 Excel 2010 提供的公式,对工作表的数据进行处理。

(1)计算学号为"012013001"的学生的总分

四门课程的成绩之和,即"高等数学"+"大学英语"+"计算机基础"+"C++ 程序设计"。

选中 H6 单元格,在编辑栏 f_x 框内输入"=D6+E6+F6+G6",回车即可。

同样的方法(或利用填充柄)可以计算出其他学生的总分。

> **小贴士**
>
> 公式一定要以"="开始,D6 就是读取 D6 单元格的内容。

（2）计算学号为"012013001"的学生的平均分

四门功课的成绩之和除以4，即（"高等数学"+"大学英语"+"计算机基础"+"C++程序设计"）/4。

选中I6单元格，在编辑栏f_x框内输入"=（D6+E6+F6+G6）/4"，回车即可。

同样的方法（或利用填充柄）可以计算出其他学生的平均分。

小贴士

（1）算术运算符。公式中的算术运算符包括：+（加）、−（减）、*（乘）、/（除）、%（百分数）、^（乘方）。

（2）比较运算符。比较运算符有：=（等于）、<（小于）、>（大于）、<=（小于等于）、>=（大于等于）、<>（不等于）。

（3）文本运算符。文本运算符只有一个，即"&"，它能够连接两个文本串，如"South" & "east"产生"Southeast"。

（4）引用运算符。引用的作用在于标识工作表上的单元格或单元格区域，并指明公式中所使用的数据的位置。通过引用可以在公式中使用工作表中不同部分的数据，或者在多个公式中使用同一单元格的数值。Excel 2010中的引用运算符有两个，即"："和"，"。

12.4.2　工作表中常用函数的用法

（1）利用MAX函数计算出每门课程的最高分

方法1：选中D21单元格，单击"开始"选项卡，在菜单功能区"编辑"组内选择"自动求和"下拉列表中的"最大值"，如图12-1所示，在D21单元格内自动生成"=MAX（D6：D20）"，回车即可。

图12-1　"自动求和"函数

方法2：选中D21单元格，点击编辑框中的f_x，弹出"插入函数"对话框，选取MAX函数，如图12-2所示，确定后在弹出的"函数参数"对话框的"Number1"中选择"D6：D20"。

小贴士

"Number2"表示还可以选择其他数值区间。

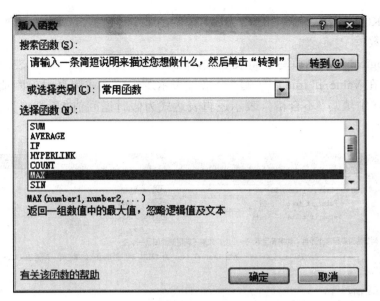

图 12-2　函数选择

（2）用同样的方式可以计算出每门课程的最低分和平均分

（3）利用 COUNTIF 函数统计出各个学生的不及格门数

i. 选中 J6，点击编辑框中的 f_x，弹出"插入函数"对话框，选取 COUNTIF 函数，确定后填写 COUNTIF 函数的参数。

ii. 在 Range 中，选取"D6：G6"，表示取值区间；在 Criteria 中填写"<60"，表示比较的条件，确定即可，如图 12-3 所示。

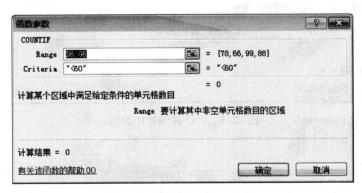

图 12-3　COUNTIF 函数的参数

（4）利用 IF 函数对学生做出评价

评价依据是：平均分高于 60 分的是合格，否则是不合格。

i. 选中 K6，点击编辑框中的 f_x，弹出"插入函数"对话框，选取 IF 函数，确定后填写 IF 函数的参数。

ii. 在 Logical_test 中填写逻辑表达式，本例中应该填入"I6>=60"，表示读取平均分与 60 比较；在 Value_if_true 中填写"合格"，表示逻辑表达式为真时返回值"合格"；在 Value_if_false 中填写"不合格"，表示逻辑表达式为假时返回值"不合格"，确定即可，如图 12-4 所示。

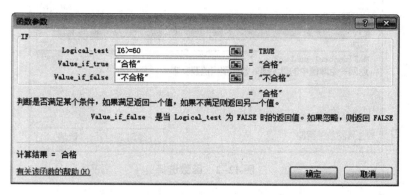

图 12-4　IF 函数的参数

（5）利用 RANK 函数计算学生的排名（根据总分）

i. 选中 L6，点击编辑框中的 f_x，弹出"插入函数"对话框，选取 RANK 函数，确定后填写 RANK 函数的参数。

ii. 在 Number 中填写"H6"，表示读取"总分"初始值；在 Ref 中填写"H6：H20"，表示对应比较值的范围，确定即可，如图 12-5 所示。

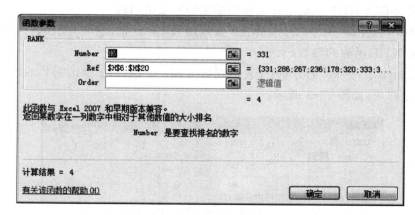

图 12-5　RANK 函数的参数

1. 在 Ref 中，输入的内容前加上"$"字符，表示绝对地址的引用。绝对地址在利用填充柄的时候，该地址区间不会发生变化，可以通过 F4 键快速引用。

2. Ref 中非数值型值将被忽略。

小贴士

3. Order 是可选项，用于指明数字排序方式，如果 Order 为 0（零）或省略，对于 Ref 范围内的数值按照降序排列；如果 order 不为零，对于 Ref 范围内的数值按照升序排列。

iii. 将平均分设置为两位小数，最终结果如图 12-6 所示。

	A	B	C	D	E	F	G	H	I	J	K	L
1												
2	学生成绩评价分析表											
3												
4												
5	学号	姓名	学制	高等数学	大学英语	计算机基础	C++程序设计	总分	平均分	不及格门数	评价	排名
6	012013001	张天庆	专科	78	66	99	88	331	82.75	0	合格	4
7	012013002	许　静	专科	60	67	64	95	286	71.5	0	合格	11
8	012013003	肖　君	专科	61	63	76	67	267	66.75	0	合格	12
9	012013004	尹　慧	专科	37	62	55	82	236	59	2	不合格	13
10	012013005	钟晓文	专科	50	45	51	32	178	44.5	4	不合格	15
11	013013006	郑云杰	本科	71	81	77	91	320	80	0	合格	8
12	013013007	赵　越	本科	77	73	93	90	333	83.25	0	合格	3
13	013013008	周东鸣	本科	85	90	94	97	366	91.5	0	合格	1
14	013013009	叶雪梅	本科	62	75	81	72	290	72.5	0	合格	9
15	013013010	姚　斌	本科	74	82	79	91	326	81.5	0	合格	5
16	014013011	虞娜娜	专转本	67	69	67	86	289	72.25	0	合格	10
17	014013012	孙文海	专转本	55	65	73	25	218	54.5	2	不合格	14
18	014013013	曾　伟	专转本	71	79	84	92	326	81.5	0	合格	5
19	014013014	朱亦宁	专转本	73	89	80	84	326	81.5	0	合格	5
20	014013015	柳　谦	专转本	87	90	88	96	361	90.25	0	合格	2
21	最高分			87	90	99	97					
22	最低分			37	45	51	25					
23	平均分			67.20	73.07	77.40	79.20					

图 12-6　实验最终结果

课外练习

该练习包含以下任务，由读者独立完成。

要求：打开文档“实验 12 课外作业（素材）.xlsx”完成以下任务，并将结果保存为“实验 12 课外作业（结果）.xlsx”，最终完成的样张可参考“实验 12 课外作业（结果参考）.pdf”。

（1）利用公式计算应发工资数。应发工资 = 基本工资 + 岗位津贴 − 扣除。

（2）税金部分利用 IF 函数进行计算，假设要求是：应发工资 900 元（含）以下，税金是 0；应发工资 900~1500 元（含）部分，按超出部分的 0.1 计算税金；应发工资 1500 元以上部分，按超出部分的 0.2 计算税金。

（3）利用公式计算实发工资数。实发工资 = 应发工资 − 税金。

（4）利用 RANK 函数填充收入排名。

（5）利用函数计算各列总数、平均数、职工数，并将总数和平均数保留两位小数。

实验 **13** 图 表 制 作

13.1 实验目的

（1）掌握 Excel 2010 迷你图的制作；

（2）熟悉 Excel 2010 图表的功能,掌握将数据转换为图表的基本操作方法。

13.2 知识要点

13.2.1 迷你图

利用迷你图功能,可以在一个单元格中显示出一组数据的变化趋势,让用户获得直观、快速的数据可视化显示。

13.2.2 数据图表

数据图表可以将工作表单元格的数值显示为条形、折线、柱形、饼形或其他形状。

13.3 实验任务和要求

（1）利用各门课程的成绩,制作学生成绩迷你图；

（2）利用图表制作选定学生的成绩分析图。

13.4 实验内容及操作步骤

13.4.1 利用考试成绩,制作迷你图

（1）打开"实验 13 图表制作（素材）.xlsx",选择"迷你图"工作表。

（2）选中 H2 单元格,单击"插入"选项卡,在菜单功能区"迷你图"组内选择"折线图",打开"创建迷你图"对话框。

（3）在数据范围中选择"D2:G2",表示选取第一个学生的四门课程的成绩。

（4）迷你图存放位置:只能是单元格,如图 13-1 所示。

图 13-1 创建迷你图

13.4.2 修改迷你图的属性

选中 H2,打开"迷你图工具设计"选项卡,可以设置相关属性,如图 13-2 所示。

i. 编辑数据:可以修改数据范围及存放位置。

ii. 类型:修改图表类型。

iii. 显示:显示各个节点,选中后该点高亮显示,如高点、低点、首点等。

iv. 样式:修改迷你图的样式。

v. 颜色:可以定义线条或点的颜色。

vi. 坐标轴:是否显示坐标轴或更改坐标轴的类型。

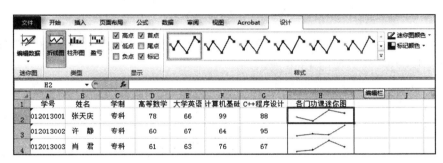

图 13-2 修改迷你图的属性

13.4.3 制作数据图表

在工作表中,利用 Excel 2010 图表工具制作如图 13-3 所示的图表。

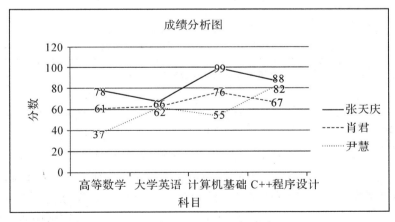

图 13-3 成绩分析图表

(1)单击"插入"选项卡,在菜单功能区"图表"组内选择"折线图",在"二维折线图"中选择"带数据标记的折线图",插入一空白的图表。

(2)选中该图表,在"图表工具"的"设计"选项卡中点击"数据"组中的"选择数据"图标,在图表数据区域内,按住"Ctrl"键,依次选择"B1:B5"和"D1:G5",确定图表的数据源,如图 13-4 所示。

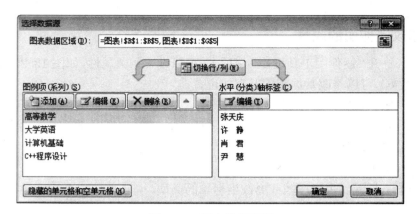

图 13-4　图表的数据源

（3）在"图表工具"的"设计"选项卡中，点击"数据"组中的"切换行/列"图标，将行列数据标识切换，结果如图 13-5 所示。

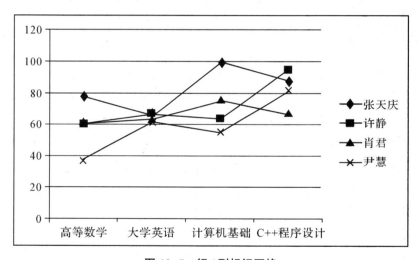

图 13-5　行/列标记互换

图 13-6　标题设置

（4）在"图表工具"的"布局"选项卡中点击"标签"组中的"图表标题"下拉列表，选择"图表上方"，如图 13-6 所示，在图表的上方增加标题，并输入"成绩分析图"。

用同样的方法，可通过标签项的坐标轴标题，将横坐标题设置为"科目"；纵坐标标题设置为"分数"。

（5）在"图表工具"的"布局"选项卡中点击"标签"组中的"图例"下拉列表，选择"在右侧显示图例"，使得图例右对齐排列显示。

（6）在"图表工具"的"布局"选项卡中点击"标签"组中的"数据标签"下拉列表，选择"居中"，使得数据标签居中放置在数据点上。

（7）在"坐标轴"组中可以设置刻度的显示方式，如将纵坐标的刻度显示为 0-100。

i. 依次选择"坐标轴"→"主要纵坐标轴"→"其他主要纵坐标轴选项",打开坐标轴设置选项。

ii. 依次将最小值设为固定值 0,最大值设为固定值 100,如图 13-7 所示。

图 13-7 坐标轴选项设置

（8）在"图表工具"的"布局"选项卡中,点击"属性",输入图表名称"成绩分析"。

13.4.4 修改数据表

（1）增加图表数据

向图表中追加一条"钟晓文"同学的四门课程的成绩并进行图表分析。

i. 选中"钟晓文"及四门课程的成绩,复制。

ii. 在图表上右击,选择粘贴,直接将该条记录插入到图表分析中,结果如图 13-8 所示。

（2）删除图表数据

将图表中"尹慧"同学的四门课程的成绩在图表分析中取消。

i. 选中"尹慧"及四门课程的成绩分析线。

ii. 右击选"删除"（或"Delete"键）,直接删除该条记录的图表分析,结果如图13-9 所示。

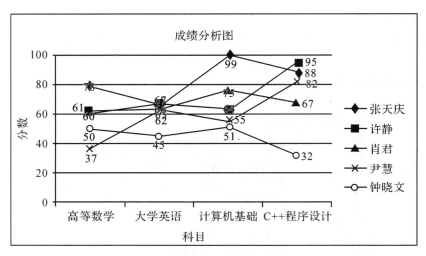

图 13-8　图表中增加一条记录

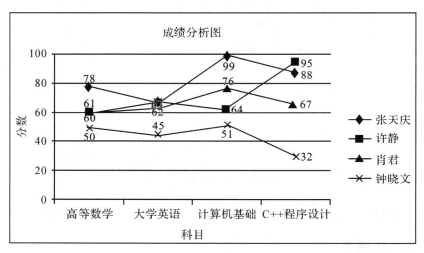

图 13-9　删除图表中的一条记录

13.4.5　设置图表区、绘图区格式

（1）将数据图表区效果设置为"茵茵草原"

i.右击数据图表区，选择"设置图表区域格式"，打开填充设置窗口。

ii.在"填充"窗口中选择"渐变填充"，预设颜色中选择"茵茵草原"即可，如图 13-10 所示。

（2）用同样的方法可将绘图区格式设置为"雨后初晴"效果。

13.4.6　移动图表

右击数据图表，选择"移动图表"，弹出"移动图表"对话框。其中"新工作表"表示该图表将作为新的工作表"Chart1"存放在工作簿中；"对象位于"表示该图表将作为一个对象存放在"图表"工作表中，如图 13-11 所示。

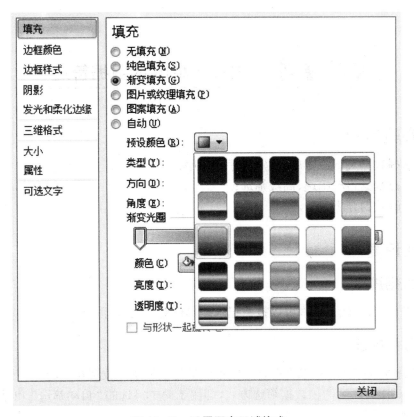

图 13-10 设置图表区域格式

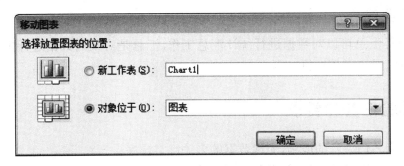

图 13-11 图表位置

课外练习

要求：打开文档"实验 13 课外作业（素材）.xlsx"完成以下任务，并将结果保存为"实验 13 课外作业（结果）.xlsx"，最终完成的样张可参考"实验 13 课外作业（结果参考）.pdf"。

（1）在 F3~F10 单元格中创建迷你柱形图，高点用红色显示。

（2）利用图书《Visual FoxPro 6.0 应用与提高》的四季度销售制作三维饼图，标题在图上方，图例在右侧，数据标签最佳匹配。

实验14　Excel 2010 的数据管理

14.1　实验目的

（1）掌握数据关键字排序、自定义序列排序；

（2）掌握数据自动筛选、高级筛选；

（3）了解数据分类汇总。

14.2　知识要点

14.2.1　数据排序

在工作表的数据清单中，可以按照记录的单位对数据进行排序。

14.2.2　数据筛选

利用数据筛选功能，可以将符合一定条件的记录显示或放置在一起。

Excel 2010 提供了两种数据筛选方式，即用于简单筛选的"自动筛选"和进行复杂筛选的"高级筛选"。

14.2.3　分类汇总

利用分类汇总可以对数据进行统计汇总工作，汇总是对某列数据进行求和、求平均值、求最大值、最小值等计算。

14.3　实验任务和要求

（1）利用各门课程的成绩，实现数据的多关键字排序；

（2）利用筛选功能，对各门课程进行数据筛选；

（3）利用自定义排序，实现数据分类汇总统计。

14.4　实验内容及操作步骤

14.4.1　数据排序

打开"实验 14 数据管理（素材）.xlsx"，对学生成绩按主要关键字"学制"降序排序，次要关键字"高等数学"升序排序。

i. 选择"排序"工作表。

ii. 选中"A1：G16"单元格，单击"数据"选项卡，在菜单功能区"排序和筛选"组内选择"排序"，打开"排序"对话框。

iii. 在"主要关键字"列中选"学制"，次序为"降序"。

iv. 点击"添加条件"，在"次要关键字"列中选"高等数学"，次序为"升序"，如图 14-1 所示。

图 14-1 排序

"数据包含标题"表示自动将所选内容第一行作为标题行。

14.4.2 数据自动筛选

利用成绩册，自动筛选出高等数学成绩中含有"7"的学生成绩。

i. 打开"成绩册"，选择"自动筛选"工作表。

ii. 选中"A1：G16"单元格，单击"数据"选项卡，在菜单功能区"排序和筛选"组内选"筛选"，完成数据自动筛选的过程。

iii. 点击"高等数学"右侧向下的箭头，在"数字筛选"框中输入"7"，确定后即可自动筛选出高等数学成绩中含有 7 的学生成绩，如图 14-2 所示。

14.4.3 数据高级筛选

（1）利用高级筛选，筛选出每门课程的成绩都高于 80 分的学生的成绩

i. 打开"成绩册"，选择"高级筛选"工作表。

ii. 高级筛选需要自己定义条件，在此例中，每门课程成绩都高于 80 分，表明四门课程成绩的条件是"与"的关系。在 Excel 2010 中，条件放在同一行是表示"与"的关系，所以我们将条件放在了"D18：G19"中，如图 14-3 所示。

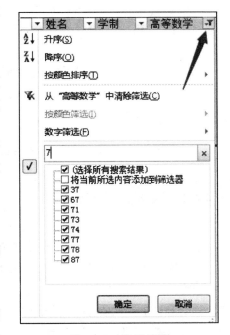

图 14-2 自动筛选

	A	B	C	D	E	F	G
17							
18				高等数学	大学英语	计算机基础	C++程序设计
19				>80	>80	>80	>80

图 14-3　高级筛选"与"条件

iii. 选中"A1：G16"单元格，单击"数据"选项卡，在菜单功能区"排序和筛选"组内选"高级"，打开"高级筛选"对话框。

iv. 依次设置："列表区域"为原始数据区域；"条件区域"为自定义的条件；"复制到"表示将筛选结果存放到其他位置，如图 14-4 所示。

图 14-4　"高级筛选"对话框

（2）利用高级筛选，筛选出至少有一门课程不及格的学生的成绩

在 Excel 2010 中，条件放在不同行是表示"或"的关系，所以我们将条件放在了不同行，如图 14-5 所示。

高等数学	大学英语	计算机基础	C++程序设计
<60			
	<60		
		<60	
			<60

图 14-5　高级筛选"或"条件

14.4.4　数据分类汇总

（1）将数据按"学制"自定义序列"专科"，"专转本"，"本科"的方式排序

i. 打开"成绩册"，选择"分类汇总"工作表。

ii. 选中"A1:G16"单元格，单击"数据"选项卡，在菜单功能区"排序和筛选"组内选"排序"，打开"排序"对话框。

iii. 在"主要关键字"列中选"学制"，次序为"自定义序列"，打开"自定义序列"对话框。在"输入序列"中依次输入"专科""专转本""本科"，添加即可（注意：各条目用回车键分隔），如图 14-6 所示。

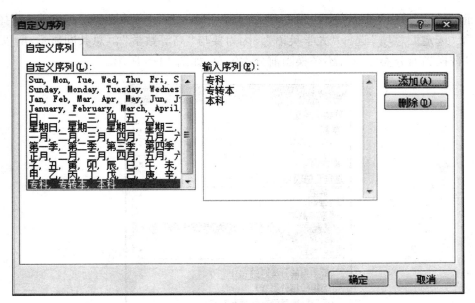

图 14-6　自定义序列

（2）按照"学制"分类汇总出"高等数学"的平均分，"大学英语"的最高分

i. 选中"A1:G16"单元格，单击"数据"选项卡，在菜单功能区"分级显示"组内选"分类汇总"，打开"分类汇总"对话框。

ii. 汇总出高等数学平均分："分类字段"选择"学制"，"汇总方式"选择"平均值"，"选定汇总项"选择"高等数学"，如图 14-7 所示。

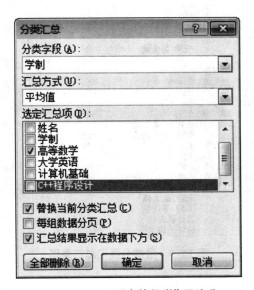

图 14-7　汇总"高等数学"平均分

必须先按照分类的字段进行排序后方可汇总。

iii. 继续汇总出"大学英语"最高分:"分类字段"选择"学制","汇总方式"选择"最大值","选定汇总项"选择"大学英语"。因为要与"高等数学"汇总共同显示,所以取消选中"替换当前分类汇总",不替换当前分类汇总,如图 14-8 所示。

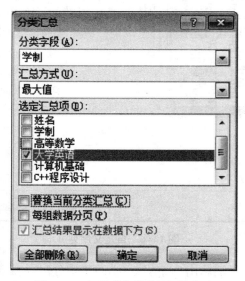

图 14-8 汇总"大学英语"最高分

iv. 确定后结果如图 14-9 所示。

	A	B	学制	高等数学	大学英语	计算机基础	C++程序设计
1	学号	姓名	学制	高等数学	大学英语	计算机基础	C++程序设计
2	91000101	张天庆	专科	78	66	99	88
3	91000102	许 静	专科	60	67	64	95
4	91000103	肖 君	专科	61	63	76	67
5	91000104	尹 慧	专科	37	62	55	82
6	91000105	钟晓文	专科	50	45	51	32
7			专科 最大值		67		
8			专科 平均值	57.2			
9	93000111	虞娜娜	专转本	67	69	67	86
10	93000112	孙文海	专转本	55	65	73	25
11	93000113	曾 伟	专转本	71	79	84	92
12	93000114	朱亦宁	专转本	73	89	80	84
13	93000115	柳 谦	专转本	87	90	88	96
14			专转本 最大值		90		
15			专转本 平均值	70.6			
16	92000106	郑云杰	本科	71	81	77	91
17	92000107	赵 越	本科	77	73	93	90
18	92000108	周东鸣	本科	85	90	94	97
19	92000109	叶雪梅	本科	62	75	81	72
20	92000110	姚 斌	本科	74	82	79	91
21			本科 最大值		90		
22			本科 平均值	73.8			
23			总计最大值		90		
24			总计平均值	67.2			

图 14-9 最终分类汇总结果图

课外练习

该练习包含以下任务,由读者独立完成。

要求:打开文档"实验 14 课外作业(素材).xlsx",完成以下任务,并将结果保存为

"实验 14 课外作业（结果）.xlsx"，最终完成的样张可参考"实验 14 课外作业（结果参考）.pdf"。

（1）在"排序"工作表中，按照"大学英语"降序，"计算机基础"升序排序。

（2）利用自动筛选，筛选出"高等数学"高于平均分的各科成绩。

（3）利用高级筛选，筛选出"高等数学"和"大学英语"都不及格，或者"计算机基础"和"C++ 程序设计"都高于 80 分的同学。

（4）按"学制"分类汇总出每个学制的"高等数学"的考生人数以及"C++ 程序设计"的最低分。

实验 15 数据处理工具 *

15.1 实验目的

（1）了解 Excel 2010 单元格数据如何分列；

（2）了解 Excel 2010 单元格数据的有效性；

（3）了解冻结窗格的功能。

15.2 知识要点

15.2.1 数据的有效性

Excel 2010 提供了对输入增加提示信息与检验数据有效性的功能。该功能使用户可以指定单元格中允许输入的数据类型，如文本、数字或日期等，以及有效数据的范围或特定数据序列中的数值，并且利用数据有效性功能，当在限定区域的单元格中输入了无效数据时，显示自定义的输入提示信息和出错提示信息。

该功能可以：

（1）给用户提供一个输入列表；

（2）限定输入内容的类型或大小；

（3）自定义设置。

15.2.2 冻结窗格

在 Excel 2010 中处理大表格数据时，利用冻结窗格功能可以固定表格的某一部分，实现锁定表格的行和列。

15.3 实验任务和要求

（1）利用 Excel 2010 分列工具，将现有的单元格内容分为多列；

（2）检验数据输入的合法性；

（3）对于大数据量，冻结首行工具实现数据标题不移动。

15.4 实验内容及操作步骤

15.4.1 数据分列

将"成绩册"中的"姓名"列分为两列，"姓名"中的第一个字为"姓"，后面是"名"。

i. 打开"成绩册"，选择"分列"工作表。

ii. 选中"姓名"列，单击"数据"选项卡，在菜单功能区"数据工具"组内选"分列"，打开"文本分列向导"对话框。

　ⅲ. 在"原始数据类型"中选择"固定列宽",如图 15-1 所示。

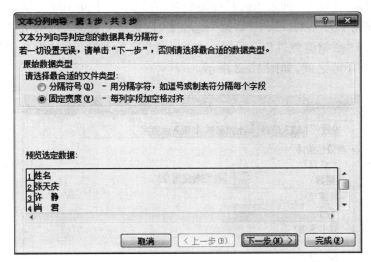

图 15-1　分隔符选择

　ⅳ. 点击"下一步",在"设定列间隔"的"数据预览"框中,直接通过鼠标点击的方式设定分隔区间,如图 15-2 所示。

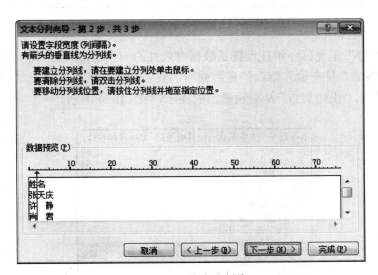

图 15-2　确定分割线

v. 点击"下一步",可以设定数据格式,完成即可。

设定分隔线后也可以移动或清除。

15.4.2 数据有效性

（1）设定"高等数学"列录入时只能是整数，并且值介于 0~100 之间

i. 选中"高等数学"列，单击"数据"选项卡，在菜单功能区"数据工具"组内选"数据有效性"，打开"数据有效性"设置框。在"设置"选项卡的"有效性条件"中选择"整数"，数据介于 0~100 之间，如图 15-3 所示。

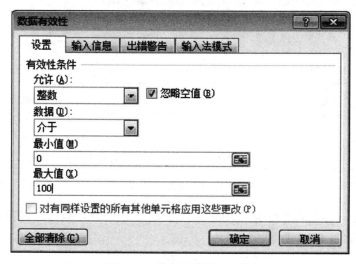

图 15-3　数据有效性（整数）

ii. "输入信息"是光标停留在设置了数据有效性的列上时，出现的提示信息。

iii. "出错警告"是在输入错误信息后弹出的警告或提示信息对话框。"输入信息"是在输入时的提示，"出错警告"是对输错后的提示，如图 15-4 所示。

图 15-4　输入及错误提示

（2）设定"学制"列的值只能在"专科""本科""专转本"中选择

i. 选中"学制"列，单击"数据"选项卡，在菜单功能区"数据工具"组内选"数据有效性"，打开"数据有效性"设置框。在"设置"选项卡的"有效性条件"中选择"序列"，"忽略空值"项不钩选，在"来源"中填写"专科,本科,专转本"，然后单击"确定"按钮，如图 15-5 所示。

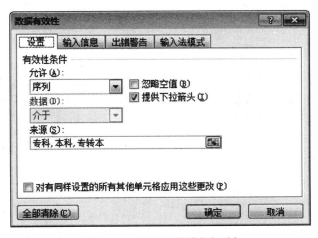

图 15-5　数据有效性（序列）

ii. 在"学制"列输入数据时就可以在下拉列表中进行选择,如图 15-6 所示。

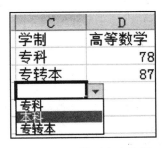

图 15-6　下拉列表中选择

15.4.3　冻结首行

将"成绩册"标题行的数据冻结不移动。

i. 打开"成绩册",选择"冻结"工作表。

ii. 单击"视图"选项卡,在菜单功能区"窗口"组内选"冻结窗格",在下拉列表中选择"冻结首行"即可,如图 15-7 所示。

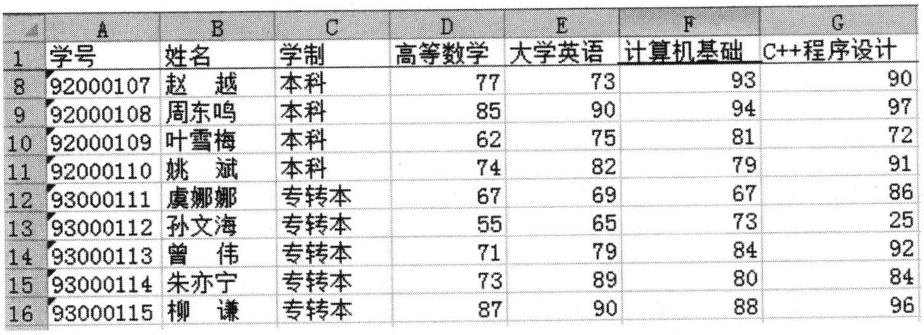

	A	B	C	D	E	F	G
1	学号	姓名	学制	高等数学	大学英语	计算机基础	C++程序设计
8	92000107	赵　越	本科	77	73	93	90
9	92000108	周东鸣	本科	85	90	94	97
10	92000109	叶雪梅	本科	62	75	81	72
11	92000110	姚　斌	本科	74	82	79	91
12	93000111	虞娜娜	专转本	67	69	67	86
13	93000112	孙文海	专转本	55	65	73	25
14	93000113	曾　伟	专转本	71	79	84	92
15	93000114	朱亦宁	专转本	73	89	80	84
16	93000115	柳　谦	专转本	87	90	88	96

图 15-7　冻结首行

课外练习

该练习包含以下任务,由读者独立完成。

（1）拆分"学号"列：前 3 位为院系代码（文本），后 5 位为校内学号（文本）。

（2）设定"学号"列的数据有效性必须是 8 位。

（3）冻结首列。

实验16 邮件合并 *

16.1　实验目的

通过本实验的练习,掌握使用 Word 2010 邮件合并功能的方法和技巧,并将其应用到日常事务中。

16.2　知识要点

邮件合并

邮件合并就是在邮件文档(主文档)的固定内容中,合并与发送信息相关的一组通信资料(数据源可以是 Excel 表、Access 数据表等),从而批量生成需要的邮件文档,可以大大提高工作的效率。

当然,邮件合并功能除了可以批量处理信函、信封等与邮件相关的文档外,也可以轻松地批量制作标签、工资条、成绩单等。

16.3　实验任务和要求

利用 Word 2010 的邮件合并功能,制作成批文档。

16.4　实验内容及操作步骤

Word 提供的邮件合并功能,可以快速、轻松地制作出结构、内容相同,而个别项目不同的成批文档。

邮件合并的过程是:首先将不变的内容编制成一份"主文档",而将变化的项目制作成"数据源",然后把数据源合并到主文档当中,形成批量的合并文档。

本实验利用邮件合并功能,输出学生成绩单。

16.4.1　创建主文档"实验16邮件合并_成绩单.docx"

利用 Word 2010 编辑成绩单,输入成绩单所需的内容,如图 16-1 所示。

成绩单

学号:			姓名:		
高等数学	大学英语	计算机基础	C++程序设计	总分	名次

图 16-1　"实验16邮件合并_成绩单"主文档

16.4.2　创建数据源

本例数据源为学生学号、姓名和各科成绩,这些数据均放在 Excel 表格中将"实验 16 邮件合并(素材).xlsx"作为数据源,如图 16-2 所示。

A1			f_x	学号					
	A	B	C	D	E	F	G	H	I
1	学号	姓名	学制	高等数学	大学英语	计算机基础	C++程序设计	总分	排名
2	91000101	张天庆	专科	78	66	99	88	331	4
3	91000102	许　静	专科	60	67	64	95	286	11
4	91000103	肖　君	专科	61	63	76	67	267	12
5	91000104	尹　慧	专科	37	62	55	82	236	13
6	91000105	钟晓文	专科	50	45	51	32	178	15
7	92000106	郑云杰	本科	71	81	77	91	320	8
8	92000107	赵　越	本科	77	73	93	90	333	3
9	92000108	周东鸣	本科	85	90	94	97	366	1
10	92000109	叶雪梅	本科	62	75	81	72	290	9
11	92000110	姚　斌	本科	74	82	79	91	326	5
12	93000111	虞娜娜	专转本	67	69	67	86	289	10
13	93000112	孙文海	专转本	55	65	73	25	218	14
14	93000113	曾　伟	专转本	71	79	84	92	326	5
15	93000114	朱亦宁	专转本	73	89	80	84	326	5
16	93000115	柳　谦	专转本	87	90	88	96	361	2

成绩登记表

图 16-2　数据源

小贴士

如果数据区域有部分数据不需要显示,只需在插入域时不读取该字段即可。

16.4.3　邮件合并

打开主文档"实验 16 邮件合并_成绩单",单击"邮件"选项卡,在菜单功能区"开始邮件合并"中选择"邮件合并分步向导",如图 16-3 所示,打开邮件合并。

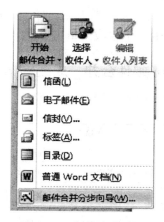

图 16-3　邮件合并向导

i. 选择文档类型"信函"。

ii. 选择开始文档"使用当前文档"。

iii. 选取收件人：点击"浏览"，找到"实验 16 邮件合并（素材）.xlsx"文件存放的目录，并选择打开"实验 16 邮件合并（素材）.xlsx"，确定后会弹出"邮件合并收件人"对话框，如图 16-4 所示。

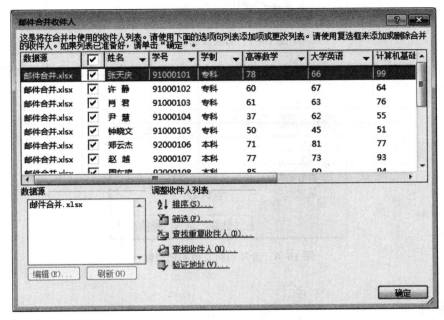

图 16-4　选取收件人，读取数据源

iv. 撰写信函：点击"插入合并域"，如图 16-5 所示，依次将学号、姓名以及四门课程的成绩分别插入主文档相应的位置，如图 16-6 所示。

成绩单					
学号：《学号》			姓名：《姓名》		
高等数学	大学英语	计算机基础	C++程序设计	总分	名次
《高等数学》	《大学英语》	《计算机基础》	《C 程序设计》	《总分》	《排名》

图 16-5　插入域　　　　**图 16-6　插入合并域**

v. 预览信函：可以预览合并的结果，通过切换收件人，如图 16-7 所示，预览其他数据。

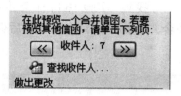

图 16-7　切换其他记录

vi. 完成合并：选择"编辑单个信函"，可以将全部或部分记录生成新的文档，如图 16-8 所示。

图 16-8　合并到新文档的记录数

课外练习

该练习包含以下任务，由读者独立完成。
模拟邮件合并，完成成绩的批处理过程。

第四部分
演示文稿

　　Microsoft PowerPoint 2010 是针对视频和图片编辑新增功能和增强功能而发行的重要版本。PowerPoint 2010 为创建动态演示文稿并与访问群体共享提供了比以往更多的方法，使用令人耳目一新的视听功能，可帮助你讲述一个活泼的电影故事，使创建与观看一样容易。用于视频和照片编辑的新增和改进工具、SmartArt 图像和文本效果等将吸引访问群体的注意；此外，PowerPoint 2010 还允许你与他人同时工作或联机发布演示文稿，并借助 Web 或基于 Windows Mobile 的 Smartphone 在现实中的任何地方进行访问。

实验17 演示文稿的基本操作

17.1 实验目的

掌握 PowerPoint 2010 的基本操作方法和使用技巧、理解演示文稿视图的概念、理解段落格式的意义。

17.2 知识要点

演示文稿与幻灯片

在 PowerPoint 2010 中存在演示文稿和幻灯片两个概念,使用 PowerPoint 制作出来的整个文件叫演示文稿,而演示文稿中的每一页叫作幻灯片,每张幻灯片都是演示文稿中既相互独立又相互联系的内容。

17.3 实验任务和要求

(1)熟悉 PowerPoint 2010 的工作界面;
(2)了解演示文稿视图的概念;
(3)掌握演示文稿的基本操作。

17.4 实验内容及操作步骤

17.4.1 PowerPoint 2010 的操作界面

(1)使用 PowerPoint 2010
打开 PowerPoint 2010,进入 PowerPoint 工作环境,如图 17-1 所示。

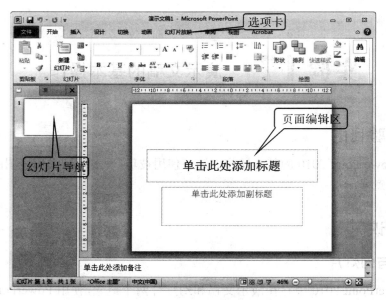

图 17-1　PowerPoint 2010 操作界面

（2）保存演示文稿

单击"文件"，在下拉菜单中单击"保存"，输入文件名，选定存放位置即可。

17.4.2　视图模式

（1）演示文稿视图

PowerPoint 2010 提供了 4 种演示文稿视图方式。单击"视图"选项卡，在菜单功能区"演示文稿视图"组中查看 4 种演示文稿视图方式，如图 17-2 所示。

图 17-2　演示文稿视图

i. 普通视图

普通视图是主要的编辑视图，可用于撰写和设计演示文稿。有大纲、幻灯片和备注 3 个窗格。

ii. 幻灯片浏览视图

幻灯片浏览视图通过查看缩略图的形式查看幻灯片，可实现幻灯片的排列和组织。

iii. 备注页视图

备注页视图用于查看幻灯片的备注。

iv. 阅读视图

阅读视图可用于向受众放映演示文稿。

（2）母版视图

PowerPoint 2010 提供了 3 种母版视图方式（幻灯片母版、讲义母版和备注母版）。单击"视图"选项卡,在菜单功能区"母版视图"组中查看 3 种母版视图方式,如图 17-3 所示。

图 17-3 母版视图

17.4.3 演示文稿的相关操作

（1）添加新的幻灯片

单击"开始"选项卡,在菜单功能区"幻灯片"组中单击"新建幻灯片"按钮,即可添加一张默认版式的幻灯片。

（2）选择连续幻灯片

在幻灯片导航区单击起始编号的幻灯片,然后按住"Shift"键,单击结束编号的幻灯片,完成选择。

（3）选择不连续幻灯片

在幻灯片导航区单击起始编号的幻灯片,然后按住"Ctrl"键,单击需要选择的幻灯片,完成选择。

（4）复制幻灯片

右击幻灯片,选择"复制",在需要插入幻灯片的位置,右击选择"粘贴",完成复制。

（5）调整幻灯片顺序

在幻灯片浏览视图模式下,可用鼠标左键按住选定的幻灯片并移动到相应的位置。

（6）删除幻灯片

选定幻灯片,直接按"Delete"键。

实验 **18** 演示文稿的编辑与美化

18.1 实验目的

掌握演示文稿的版式、主题与背景、文本框的编辑,掌握图片设置以及页眉、页脚的设置。

18.2 知识要点

18.2.1 版式

版式指幻灯片内容在幻灯片上的排列方式,其由占位符组成,占位符中可放置文字(标题、副标题、项目符号列表等)和幻灯片内容(表格、图表、图片、形状、剪贴画、视频等)。

18.2.2 主题

PowerPoint 2010 中提供了很多模板,它们将幻灯片的配色方案、背景和格式组合成各种主题,这些模板称为"幻灯片主题"。

通过选择幻灯片主题并将其应用到演示文稿,可以制作所有幻灯片均与相同主题保持一致的设计。主题还可以应用于幻灯片中的表格、SmartArt 图形、形状或图表。

18.2.3 背景

在设计演示文稿时,用户除了可以在应用模板或改变主题颜色时来更改幻灯片的背景外,还可以根据需要任意更改幻灯片的背景颜色和背景设计,如添加底纹、图案、纹理或图片等。

18.2.4 页眉和页脚

在制作幻灯片时,使用 PowerPoint 2010 提供的页眉和页脚功能,可以为每张幻灯片添加相对固定的信息。

18.3 实验任务和要求

(1)掌握幻灯片的版式;
(2)掌握幻灯片的主题与背景设置;
(3)了解文本框的编辑、文本的设定;
(4)掌握幻灯片图片的操作方式;
(5)掌握幻灯片页眉和页脚的设置。

18.4 实验内容及操作步骤

18.4.1 添加新的幻灯片

（1）输入文字

在幻灯片导航中单击第1张幻灯片，在对应的页面编辑区的"单击此处添加标题"文本框中输入"国画四君子"，并设置字体为：华文行楷，加粗；在"单击此处添加副标题"文本框中，输入"——梅、兰、竹、菊"，并设置字体为：黑体，加粗。

（2）插入新的幻灯片

i. 单击"开始"选项卡，在菜单功能区"幻灯片"组内选"新建幻灯片"下面的下拉箭头，下拉列表即为版式，选择Office主题为"标题和内容"版式的幻灯片，如图18-1所示，插入第2张幻灯片。

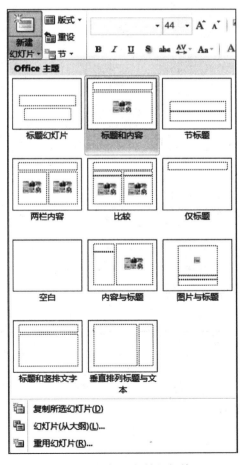

图18-1 插入新的幻灯片

如果需要更换已有幻灯片的 Office 主题,则在组内选择"版式",在下拉列表中选择新的 Office 主题,如图 18-2 所示。

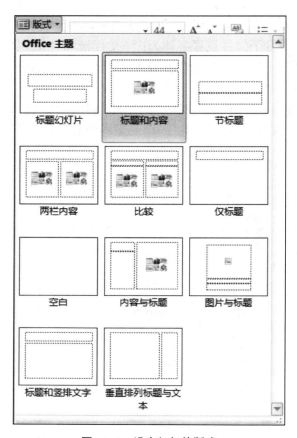

图 18-2　设定幻灯片版式

ⅱ. 在幻灯片中输入以下内容,如图 18-3 所示。

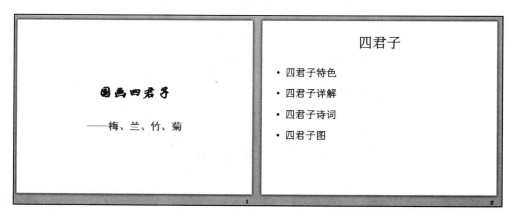

图 18-3　幻灯片第 1、2 页的内容

18.4.2　文本框操作

（1）插入文本框

i. 插入第 3 张幻灯片，Office 主题为"空白"。

ii. 单击"插入"选项卡，在菜单功能区"文本"组内选"文本框"下面的下拉箭头，在下拉列表中选择"横排文本框"，在需要插入文本框的位置拖动鼠标即可，如图 18-4 所示。

图 18-4　插入文本框

iii. 在文本框内输入"特色"，并将文字设置为："华文新魏，32 号，文字阴影，文字单元格内居中"。

iv. 在幻灯片右侧插入一个垂直文本框，文字内容为"号称'花中四君子'，并非浪得虚名，它们确实都各有特色"，并将文字设置为："楷体，28 号"。（文字可以参考资料"四君子的文字内容"）

（2）设置文本框样式

i. 选中"特色"文本框，单击"开始"选项卡，在菜单功能区"绘图"组内选"快速样式"，在下拉列表中选择"中等效果 – 红色，强调颜色 2"，如图 18-5 所示。

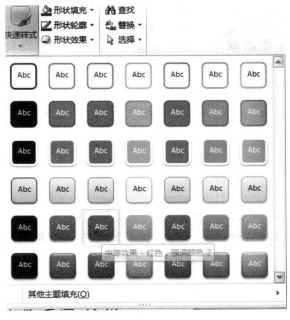

图 18-5　更改文本框样式

文本框样式可分为：

　　a.形状填充：可设置填充背景；

　　b.形状轮廓：可设置边框；

　　c.形状效果：可设置外形效果。

　　文本框样式既可分项设置，也可通过快速样式直接设置，亦可对快速样式进行再编辑。

　　ii. 在"绘图"组内选"形状轮廓"，在下拉列表"标准色"中选择"蓝色"，将文本框的边框设置为蓝色，如图 18-6 所示。

　　iii. 在"绘图"组内选"形状轮廓"，在下拉列表"粗细"中选择"3 磅"，将文本框的边框宽度设置为 3 磅，如图 18-7 所示。

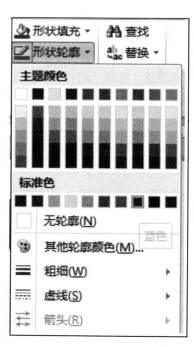

图 18-6　设置文本框边框颜色

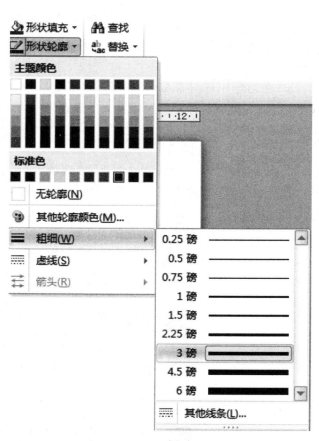

图 18-7　设置文本框边框粗细

　　用同样的方法可以完成文本框的虚实设置等。

（3）设置对齐方式

在插入文本框或者图片时,常常会遇到对齐的问题,而段落中的对齐方式是设置文字相对于文本框内所在的位置。文本框或者其他插入对象本身,需要使用"绘图"组内的"排列"命令进行对齐设置。

选中"特色"文本框,单击"开始"选项卡,在菜单功能区"绘图"组内选"排列",在下拉列表中单击"对齐",在扩展菜单中选"对齐幻灯片",并选择"左右居中",如图 18-8 所示,完成文本框在幻灯片中左右居中。

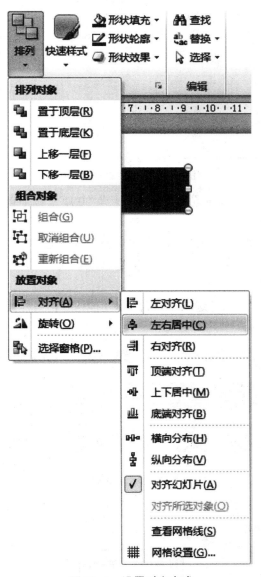

图 18-8　设置对齐方式

（4）设置竖排文本框

右击垂直文本框,选择"大小和位置",弹出"设置形状格式"对话框,在"大小"选项中将文本框高度设置为"13 厘米",宽度设置为"4.5 厘米",如图 18-9 所示。

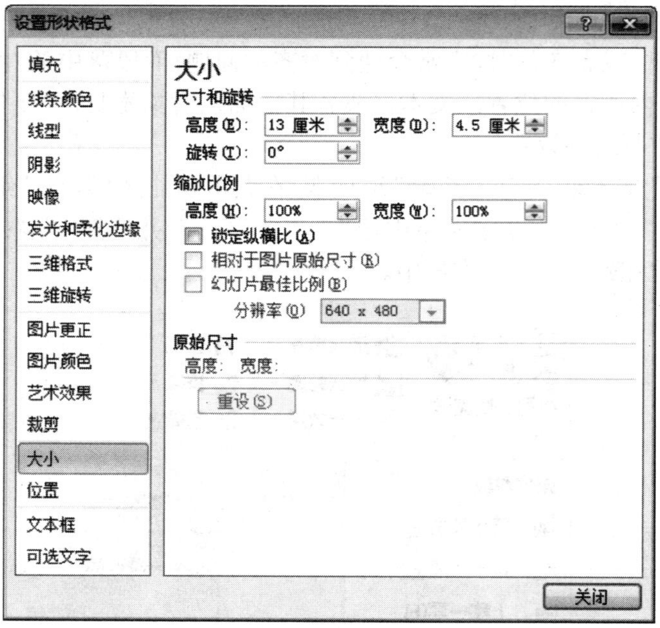

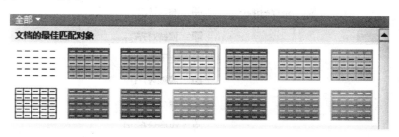

图 18-9　设置文本框大小

同样,在"位置"选项中,设置水平"自左上角 20 厘米",垂直"自左上角 4 厘米"。

（5）插入表格

i. 单击"插入"选项卡,在菜单功能区"表格"组内选"表格",在下拉列表中选"插入表格",在弹出的"插入表格"对话框中,将列数设为"2",行数设为"5"（参见"实验 8　表格设计"）。

ii. 选中表格,单击"设计"选项卡,在菜单功能区"表格样式"组内选"主题样式 1-强调 4",如图 18-10 所示。

图 18-10　表格样式

iii. 选中第一列,单击"布局"选项卡,在菜单功能区"单元格大小"组内设置列宽为"3 厘米",如图 18-11 所示。

图 18-11　设置列宽

iv. 同样的方式,设置表格第二列宽度为"10 厘米"。

18.4.3 段落设置

（1）修改项目符号

选中第 2 张幻灯片的第 2 个文本框，单击"开始"选项卡，在菜单功能区"段落"组内选⊞▾，在下拉列表中选择"箭头项目符号"，如图 18-12 所示。

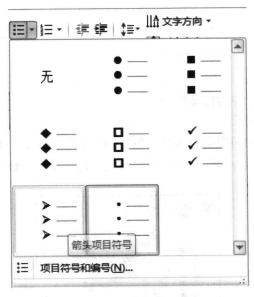

图 18-12 更改项目符号

（2）行距设置

在菜单功能区"段落"组内单击对话框启动器 ，打开"段落"设置对话框，如图 18-13 所示，将行距设置为"1.5 倍行距"。

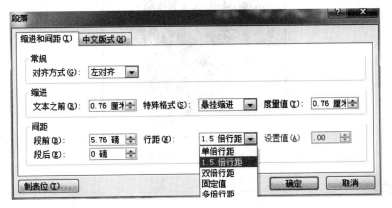

图 18-13 设置行距

18.4.4 图片操作

（1）插入幻灯片

插入版式是"内容与标题"的幻灯片，并输入与梅花相关的内容，标题字体：30 号，正文字体：24 号。

（2）插入图片

单击右侧的"单击此处添加文本"后，再单击"插入"选项卡，在菜单功能区"图像"组内选"图片"，弹出选择图片对话框，选择图片"01 梅花 .jpg"，插入图片。

在幻灯片中插入图片时，默认是在当前文本框中居中放置。

（3）调整图片位置

选中图片，按住鼠标左键拖动即可。

（4）调整图片大小

选中图片，在图片的四周会有 8 个白色控制点（控制柄），如图 18-14 所示，将鼠标移动到该点时鼠标会变成双向箭头形状，此时可直接拖动鼠标调整图片大小。

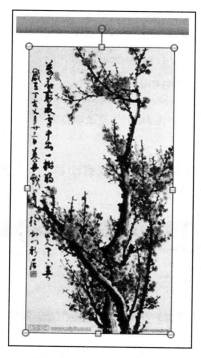

图 18-14　图片的控制柄

其他更改方法类似于在 Word 2010 中对图片的修改。

（5）旋转图片

选中图片后，在图片的上方还有一个绿色的旋转控制点，按住此控制点拖动鼠标可以自由旋转图片。

18.4.5 设计

（1）主题

i. 主题的应用

单击"设计"选项卡，在菜单功能区"主题"组内，单击"波形"，则将所有幻灯片都应用了波形主题，如图 18-15 所示。

图 18-15 主题应用

> 单击第一张幻灯片，右击"平衡"主题，选择"应用于选定幻灯片"，如图 18-16 所示，则将"平衡"主题单独应用于第 1 张幻灯片。

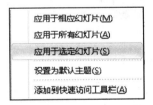

图 18-16 单张幻灯片主题设置

ii. 更改主题颜色

选中第 1 张幻灯片，单击"设计"选项卡，在菜单功能区"主题"组内，单击"颜色"，在下拉列表中选择"穿越"，则将该幻灯片的主题颜色设置为"穿越"，如图 18-17 所示。

> 同样的方法，你可以更改主题的字体和主题的效果。

（2）背景样式

选中第 1 张幻灯片，单击"设计"选项卡，在菜单功能区"背景"组内单击"背景样式"，在下拉列表中选择"样式 6"，则将当前幻灯片应用"样式 6"的背景方案，如图 18-18 所示。

> 如果需要隐藏背景图，则勾选"背景"组内的"隐藏背景图形"复选项。

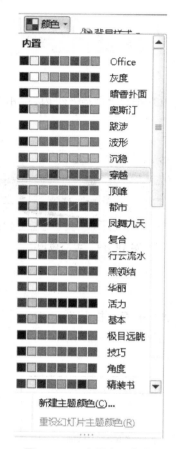

图18-17 应用主题颜色

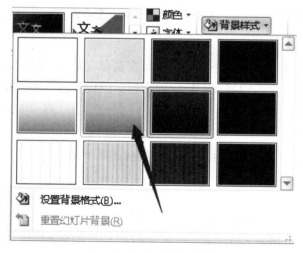

图18-18 应用背景样式

18.4.6 页眉和页脚

单击"插入"选项卡,在菜单功能区"文本"组内选"页眉和页脚",弹出"页眉和页脚"对话框,如图18-19所示。

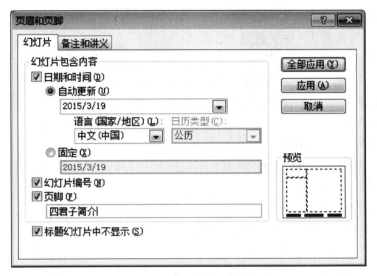

图 18–19　页眉和页脚

复选框"标题幻灯片中不显示"表示第 1 页幻灯片不显示页眉和页脚。

课外练习

该练习包含以下任务，由读者独立完成。

（1）根据本实验的步骤，完成实验的全部操作。

（2）完成"国画四君子 .pptx"的第 5 张幻灯片（样张如图 18-20 所示）。要求如下：

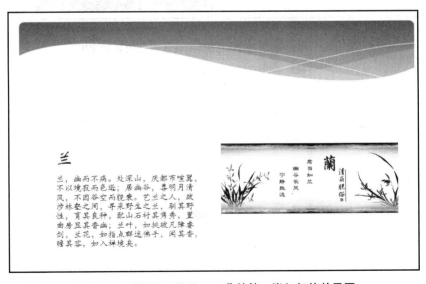

图 18–20　"国画四君子 .pptx"的第 5 张幻灯片效果图

①幻灯片版式选择"内容与标题"。

②标题"兰",设置为"华文新魏,32号"。

③文本:"兰,幽而不病。处深山,厌都市喧嚣,不以境寂而色逊;居幽谷,喜明月清风,不因谷空而貌衰。艺兰之人,跋涉林壑之间,寻采野生之兰,驯其野性,育其良种,配山石衬其隽秀,置曲房显其香幽;兰叶,如挑破凡障睿剑,兰花,如指点群迷佛手,闻其香,瞻其容,如入禅境矣。"

④图片选择"02兰.jpg"。

(3)完成"国画四君子.pptx"的第6张幻灯片(样张如图18-21所示),要求如下:

①幻灯片版式选择"比较"。

②标题"其他二君子",设置为"华文新魏,44号"。

③左侧文本"竹",图片选择"03竹.jpg"。

④右侧文本"菊",图片选择"04菊.jpg"。

图18-21 "国画四君子.pptx"的第6张幻灯片效果图

实验 **19** 演示文稿的动画效果

19.1 实验目的

掌握幻灯片的切换和动画。

19.2 知识要点

19.2.1 切换

在演示文稿放映过程中,由一张幻灯片进入到另一张幻灯片就是幻灯片之间的切换,为了增加放映效果,在幻灯片切换的过程中可以使用不同的技巧和效果。

19.2.2 超链接

超链接就是访问网站或浏览网页时,通过点击某些带有超链接的词、句或图片,就会跳到与这些特定的词、句、图片相关的页面。

19.2.3 动画

将 Microsoft PowerPoint 2010 演示文稿中的文本、图片、形状、表格、SmartArt 图形和其他对象制作成动画,赋予它们进入、退出、大小或颜色变化甚至移动等视觉效果。

19.3 实验任务和要求

(1)理解幻灯片的切换及超链接;
(2)掌握自定义动画。

19.4 实验内容及操作步骤

19.4.1 切换和超链接

(1)切换

幻灯片切换是指切换到此幻灯片时,该幻灯片的出现方式和动作。

i. 单击"切换"选项卡,在菜单功能区"切换到此幻灯片"组内单击"形状",如图 19-1 所示,则设定此幻灯片为"圆形的形状"切换幻灯片。

ii. 点击"效果选项",在下拉列表中选择"增强",则将切换效果更改为"增强的形状",如图 19-2 所示。

iii. 在"计时"组内设定切换到此幻灯片的声音为"爆炸";持续时间"01.50"。

iv. 更改幻灯片的换片方式,钩选"设置自动换片时间",并将时间设置为"00:02.00",

表示两秒后自动换片,如图 19-3 所示。

　　v. 点击"全部应用",则将当前幻灯片的切换设置应用到所有的幻灯片中。

图 19-1　切换

图 19-3　计时选项卡　　　　　　　　　　图 19-2　效果选项

（2）超链接

幻灯片超链接是指链接到其他幻灯片的方式。

　　i. 选中第 2 张幻灯片中的"特色"文字,单击"插入"选项卡,在菜单功能区"链接"组内单击"超链接",打开"插入超链接"对话框,如图 19-4 所示。

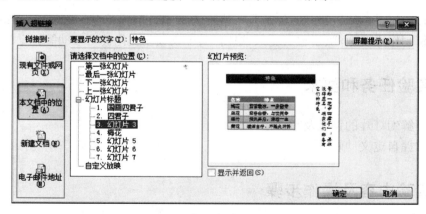

图 19-4　"插入超链接"对话框

　　ii. 在"链接到"中选择"本文档中的位置",选择"幻灯片 3"。

　　iii. 点击"屏幕提示",在屏幕提示文本框中输入"链接到特色幻灯片",如图 19-5 所示。

图 19-5　屏幕提示

用同样的方法,读者自己完成:"四君子详解"链接到第4张幻灯片;"诗词赋"链接到第5张幻灯片;"梅兰竹菊图"链接到第6张幻灯片。

19.4.2　动画

i. 选中第3张幻灯片的"特色"文本框,单击"动画"选项卡,在菜单功能区"动画"组内的下拉列表中选择"进入"方式为"缩放",如图19-6所示。

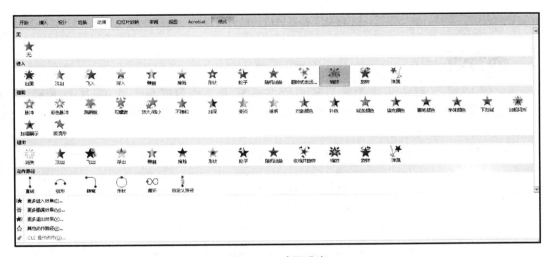

图 19-6　动画设定

ii. 更改"效果选项"为"幻灯片中心",如图19-7所示。

图 19-7　动画效果选项

iii. 选中右侧文本框,在"动画"组内的下拉列表中选择"强调"方式为"填充颜色";"退出"的方式为"飞出"。

iv. 选中左侧表格,在"动画"组内的下拉列表中选择"进入"方式为"翻转式由远及近";"退出"方式为"旋转"。设置完成后,点击"高级动画"组中的"动画窗格",可在"动画窗格"中看到设置的动画,如图19-8所示。

图19-8　设置完成的动画及顺序

　　图19-8中的条状图形表示动画时长。如需要调整动画顺序，选中需要调整的动画，点击"计时"组中"对动画重新排序"下的"向前移动"或"向后移动"即可，如图19-9所示。

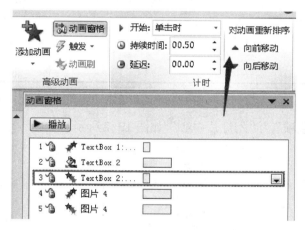

图19-9　动画重新排序

课外练习

　　该练习包含以下任务，由读者独立完成。

　　要求："自我介绍"演示文稿的制作。现用户需要进行一个简短的自我介绍，并且需要用幻灯片来增强演说的效果，总体设计效果及过程如下：

　　（1）至少有6张幻灯片（标题幻灯片、标题和文本幻灯片、空白幻灯片等）；

　　（2）自己设置模板；

　　（3）图片、文字的内容和排列方式自定；

　　（4）页面切换方式、动画等自定；

　　（5）页脚（姓名和页码）。

实验 **20**   演示文稿的高级对象

20.1   实验目的

了解幻灯片的高级对象。

20.2   知识要点

20.2.1   幻灯片母版

幻灯片母版是存储有关应用的设计模板信息的幻灯片,包括字形、占位符大小或位置、背景设计和配色方案。

幻灯片母版用于设置幻灯片的样式,可供用户设定各种标题文字、背景、属性等,只需更改一项内容就可更改所有幻灯片的设计。在 PowerPoint 2010 中有 3 种母版:幻灯片母版、讲义母版和备注母版。

20.2.2   SmartArt 图形

SmartArt 图形工具具有 80 余套图形模板,利用这些图形模板可以设计出各式各样的专业图形,并且能够快速为幻灯片的特定对象或者所有对象设置多种动画效果,而且能够即时预览。

20.3   实验任务和要求

(1) 理解幻灯片的声音及设置效果;

(2) 了解母版的设置和 SmartArt 图形设置;

(3) 了解幻灯片放映。

20.4   实验内容及操作步骤

20.4.1   声音

(1) 插入声音

i. 选中第 1 张幻灯片。

ii. 单击"插入"选项卡,在菜单功能区"媒体"组内单击"音频",选择"文件中的声音",打开"插入音频"对话框,选择"国画 .mp3",第 1 张幻灯片中出现一个音频图标。

iii. 选中该音频图标,单击"音频工具"中的"播放"选项卡,在菜单功能区"音频选项"中设置"开始"为"自动",表示该音频自动播放;勾选"放映时隐藏",表示播放幻灯片时隐藏音频图标;勾选"循环播放,直到停止",音频循环播放,如图 20-1 所示。

图 20-1　音频选项

（2）设置音频效果

i. 选中该音频图标，在"动画"选项卡的"高级动画"组内单击"动画窗格"，打开音频的动画窗格。

ii. 在动画窗格中点击"国画.mp3"的向下箭头，选择"效果选项"，如图 20-2 所示。

图 20-2　选择音频的"效果选项"

iii. 在"播放音频"的"效果"选项卡中进行相关设置，如图 20-3 所示。

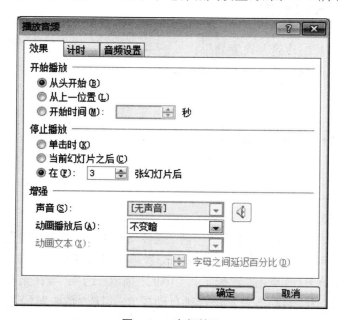

图 20-3　音频效果

"停止播放"选项中的"当前幻灯片之后"指的是仅在当前幻灯片播放音频；"在 3 张幻灯片后"指的是在 3 张幻灯片后停止播放音频。

20.4.2　母版

（1）母版设计

i. 选中第 4 张幻灯片。

ii. 单击"视图"选项卡,在菜单功能区"母版视图"组内单击"幻灯片母版",打开母版设计视图,如图 20-4 所示。

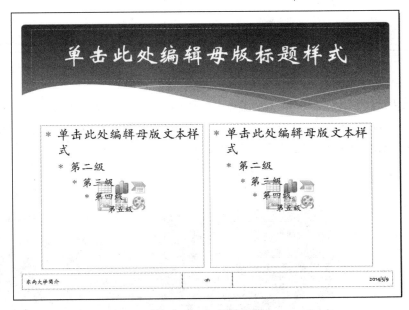

图 20-4　幻灯片母版

iii. 点击幻灯片母版中的各类项目可以进行幻灯片母版的修改。

iv. 点击"关闭母版视图"关闭母版的编辑。

（2）母版使用

母版编辑完后,使用该母版版式的幻灯片内相应的内容会自动改变。母版相当于是自己编辑的一个模板,可以在制作幻灯片之前编辑好统一的模式,比如背景、各级别内容的字体效果、各种占位符的位置等内容。演示文稿的编辑过程中,应用该母版的幻灯片格式统一。如需修改某一项通用内容,只需在母版中进行修改即可。

20.4.3　SmartArt 图形

（1）在幻灯片尾新建一个仅有标题的幻灯片,并添加标题"四君子图"。

（2）单击"插入"选项卡,在菜单功能区"插图"组内单击"SmartArt",打开"选择 SmartArt 图形"对话框,选择"图片"中的"螺旋图",如图 20-5 所示。

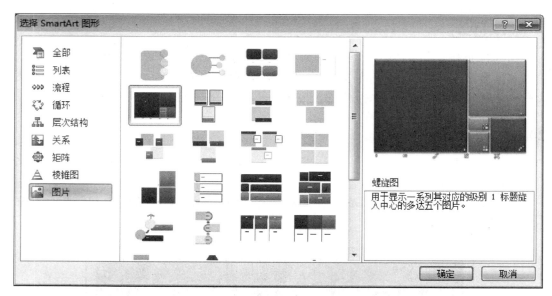

图 20-5　SmartArt 图形

（3）单击"螺旋图"左侧框旁的箭头，会在"螺旋图"左侧弹出如图 20-6 所示的扩展设置框，单击扩展设置框中的缩略图可以添加图片，并加入与图片相应的说明文字。依次在该 SmartArt 中填充"201 条屏""202 典故""203 寓意""204 模板"，并输入对应图片文字。

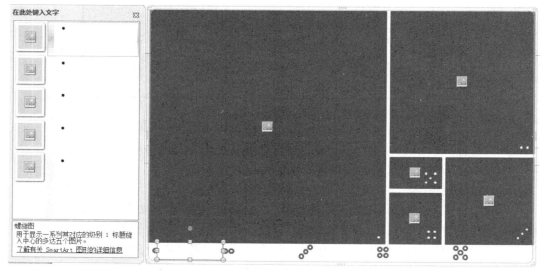

图 20-6　扩展设置框

（4）在第 5 部分，插入文本框，内容为：更多，建立超链接，链接到"www.baidu.com"，如图 20-7 所示。

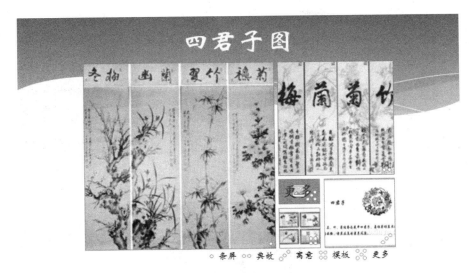

图 20-7 "四君子图"幻灯片

20.4.4 幻灯片放映

单击"幻灯片放映",在菜单功能区"设置"组内单击"设置幻灯片放映",打开"设置放映方式"对话框,了解各个设置选项,如图 20-8 所示。

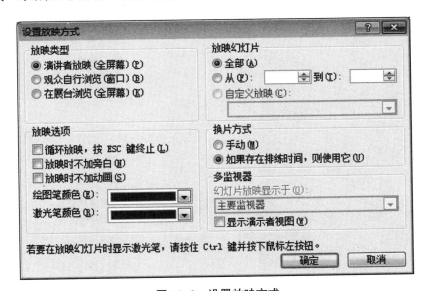

图 20-8 设置放映方式

课外练习

该练习包含以下任务,由读者独立完成。

(1)在第 7 页前新建一个仅有标题的幻灯片,并添加标题"四君子诗词"。

(2)将第 2 页幻灯片中"四君子诗词"链接到该页幻灯片。

（3）完成 SmartArt 图形，如图 20-9 所示，配以诗词。

图 20-9　效果图

第五部分
网络应用

Internet Explorer 11 已经更改了用户界面，仅提供支持基本功能所需的控件，隐藏了被视为非基本功能的所有内容，如"收藏夹栏""命令栏""菜单栏"和"状态栏"。这有助于用户更专注于网页的内容，而不是浏览器本身。不过，如果希望显示这些内容，可以使用组策略设置重新启用它们。浏览器兼容性问题是指因为不同的浏览器或版本的不相同，对同一段代码有不同的解析，造成页面显示效果不统一的情况。在大多数情况下的需求是，无论用户用什么浏览器（版本）来查看网站或者登录系统，都应该是统一的显示效果。加载项一般是来自网络，还有一部分是来自捆绑软件。事实上，有的未经允许的加载软件也很好用，但是有的则不然，常常会造成系统紊乱或者是引起 IE 意外被关闭。

会搜索才叫会上网，在 Internet 已经普及的今天，Internet 是我们工作、学习、生活的一部分，搜索引擎在我们日常生活中的地位也是举足轻重的。现代大学生应该注重学习方法的掌握，可通过信息检索获取自己所需要的任何课程的学习方法。不少学者总结了许许多多好的学习方法，值得每个大学生借鉴，这样能够多走捷径，达到事半功倍的学习效果。善于利用计算机网络来辅助自己在大学时期的学习，是处在信息社会中的大学生的特色之一。

Wi-Fi（Wireless Fidelity），是当今使用最广的一种无线网络传输技术。实际上就是把有线网络信号转换成无线信号，供支持其技术的相关计算机、手机、Pad 等接收。无线网络已经遍布我们的周围，如何运用和管理好Wi-Fi，已经是一个令人烦心的事情了。

实验21　Internet Explorer 的配置与使用

21.1　实验目的

（1）了解 Internet Explorer（IE）的配置；

（2）如何使得高版本的 IE 浏览器兼容低版本的 IE 浏览器；

（3）管理加载项。

21.2　知识要点

加载项

　　加载项也称为 ActiveX 控件、浏览器扩展、浏览器帮助应用程序对象或工具栏，可以通过提供多媒体或交互式内容（如动画）来增强对网站的体验。

21.3　实验任务和要求

（1）配置 IE 的选项内容；

（2）将当前 IE 浏览器配置为兼容 IE8 版本的浏览器；

（3）禁用未经许可运行的"Adobe PDF Reader"加载项。

21.4　实验内容及操作步骤

21.4.1　配置 IE 的主页为"http://cc.seu.edu.cn"

　　i. 双击"Internet Explorer"，打开 IE 浏览器。

　　ii. 点击"工具"选项卡，在下拉列表中选择"Internet 选项"。

　　iii. 在"常规"选项卡的"主页"栏中输入"http://cc.seu.edu.cn"，单击"确定"即可，如图 21-1 所示。

21.4.2　配置 IE 的安全级别为"高级"，并添加"http://cc.seu.edu.cn"为受信任站点

　　i. 双击"Internet Explorer"，打开 IE 浏览器。

　　ii. 点击"工具"选项卡，在下拉列表中选择"Internet 选项"。

　　iii. 打开"安全"选项卡，选择区域为"Internet"，将"该区域的安全级别"设置为"高"，如图 21-2 所示。

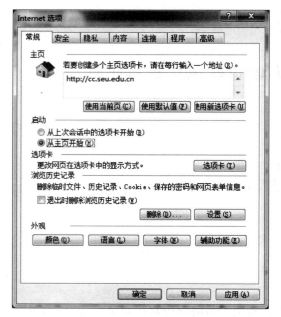

图 21-1 主页设置

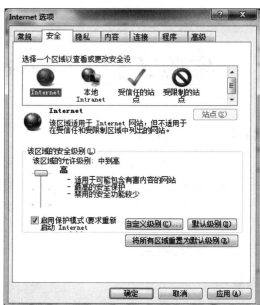

图 21-2 更改 Internet 的安全级别

iv. 选中"受信任的站点",点击"站点"按钮,弹出"受信任的站点"对话框,在"将该网站添加到区域"文本框内输入"http://cc.seu.edu.cn",并取消选中"对该区域中的所有站点要求服务器验证(https:)"复选框,点击"添加"按钮即可,如图 21-3 所示。

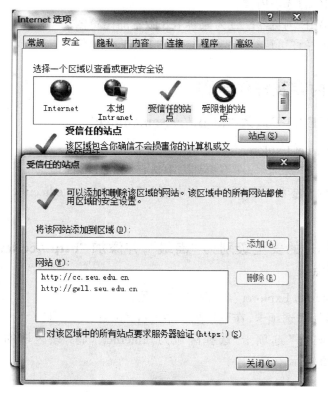

图 21-3 添加信任站点

21.4.3 将当前 IE 浏览器设置为兼容 IE8 版本的浏览器

i. 双击"Internet Explorer",打开 IE 浏览器。

ii. 点击"工具"选项卡,在菜单中选择"F12 开发人员工具"。

iii. 在开发人员工具下,选择"仿真",如图 21-4 所示,在"仿真"模式下,将"文档模式"设置为 8,如图 21-5 所示。

iv. 按"F12"退出设置环境。

对于经常访问的网站如"seu.edu.cn",如果版本更换频繁,可以进行如下设置:打开 IE 浏览器后点击"工具",在菜单中选择"兼容性视图设置",打开"兼容性视图设置"对话框,在"添加此网站"文本框内输入"seu.edu.cn",点击"添加"即可,如图 21-6 所示。

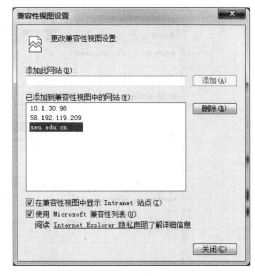

图 21-4 仿真模式　图 21-5 将文档模式设置为 8　　　**图 21-6 兼容性视图设置**

21.4.4 将未经许可运行的"Adobe PDF Reader"加载项设置为禁用

i. 双击"Internet Explorer",打开 IE 浏览器。

ii. 点击"工具"选项卡,在菜单中选择"管理加载项",打开"管理加载项"对话框。

iii. 在"显示"的下拉列表中选择"未经许可运行",右侧显示出目前"已启用"或"已禁用"的所有加载项,如图 21-7 所示。

iv. 选中"Adobe PDF Reader",在"详细信息"中点击"禁用"按钮,将当前已经启用的"Adobe PDF Reader"禁用,如图 21-8 所示。

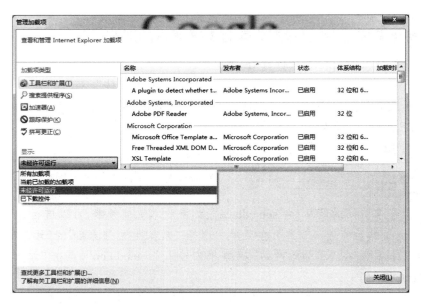

图 21-7　显示未经许可运行的加载项

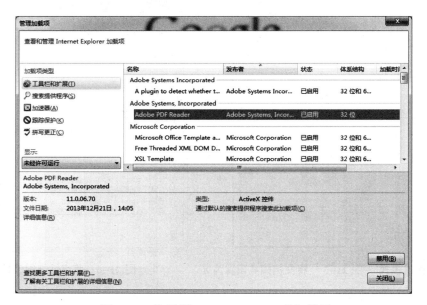

图 21-8　禁用"Adobe PDF Reader"加载项

课外练习

该练习包含以下任务,由读者独立完成。

(1) 查看、设置并理解 IE 的其他选项内容。

(2) 将 www.263.net 在兼容性视图中添加 / 删除。

(3) 将当前 IE 的版本设置为兼容 IE9 浏览器。

(4) 将所有加载项中的"Shockwave Flash Object"禁用 / 启用。

实验22　信息检索

22.1　实验目的

（1）了解常用的搜索引擎；

（2）掌握百度搜索引擎的基本使用方法。

22.2　知识要点

22.2.1　网络搜索

网络搜索是指利用搜索引擎（如百度）对互联网上的信息进行搜索。

22.2.2　搜索引擎

搜索引擎（Search Engine）是指根据一定的策略，运用特定的计算机程序从互联网上搜集信息，在对信息进行组织和处理后，为用户提供检索服务并将用户检索的相关信息展示给用户的系统。

22.3　实验任务和要求

利用百度搜索引擎检索有关"大学计算机基础"的学习方法以及二次检索。

22.4　实验内容及操作步骤

22.4.1　利用百度搜索引擎，搜索有关"大学计算机基础"的条目

i. 双击"Internet Explorer"，打开 IE 浏览器，在地址栏里输入"www.baidu.com"。

ii. 在文本框内输入"大学计算机基础"，点击"百度一下"，返回的搜索结果如图 22-1 所示。

22.4.2　利用百度搜索引擎，搜索出包括完整词"大学计算机基础"和"学习方法"的条目

i. 双击"Internet Explorer"，打开 IE 浏览器，在地址栏里输入"www.baidu.com"。

ii. 在文本框内输入"'大学计算机基础''学习方法'"，点击"百度一下"，返回的搜索结果如图 22-2 所示。

22.4.3　理解高级搜索

在 IE 浏览器的地址栏里输入"www.baidu.com/gaoji/advanced.html"，进入"高级搜

索"设置对话框,如图 22-3 所示。

Bai**du**百度　新闻　网页　贴吧　知道　音乐　图片　视频　地图　文库　更多»

大学计算机基础　　　　　　　　　　　　　　　　　　　　　　　　　百度一下

大学计算机基础_百度百科

本书根据教育部非计算机专业计算机课程教学指导分委员会提出的高
校非计算机专业计算机基础课基本教学要求编写而成。全书共9章,
主要内容包括：计算机系统概述、Windo...
简介　目录
查看"大学计算机基础"其他含义>>
baike.baidu.com/ 2014-03-24 ▾

大学计算机基础_百度文库
共有**283000**篇和大学计算机基础相关的文档。
大学计算机基础考试试题 | 大学计算机基础课后答案 | 大学计算机基础题库 | 大学计算机基础教程

　大学计算机基础知识点总结_免费下载.doc　　　　　评分:4/5　　30页
　大学计算机基础考试题库.doc　　　　　　　　　　　评分:4.5/5　　25页
　《大学计算机基础》第五版 第1-4章课后习题答案...　评分:4/5　　5页
　更多文库相关文档>>
wenku.baidu.com/search?word=大学计算机基础 2010-08-09 ▾

《大学计算机基础》（共49本图书）简介 目录 书评 试读 百度微购

图 22-1　"大学计算机基础"的搜索结果

Bai**du**百度　新闻　网页　贴吧　知道　音乐　图片　视频　地图　文库　更多»

"大学计算机基础" "学习方法"　　　　　　　　　　　　　　　百度一下

Ⓦ 大学计算机基础学习方法_百度文库
★★★☆☆ 评分:3.5/5 1页
大学计算机基础学习方法计算机基础课程作为培养高校学生信息素养的一门基础课程,是集知识
和技能于一体、实践性很强的基础课,它要求学生既要学好理论知识,又要较 好...
wenku.baidu.com/link?... 2011-10-06 ▾ V₃ - 百度快照

大学计算机基础学习方法 - 安农青年网站
培养学生积极主动采集和分析各种信息的意识,并运用其解决实际问题的思路和方法。...因此首
先要求学生明确学习目的,学习大学计算机基础课程是为今后进一步学习计算机其它...
www.ahau.edu.cn/manag... 2011-10-18 ▾ - 百度快照

怎样学好大学计算机基础 - 豆丁网
1 目录 大学计算机基础 自我介绍 学习目的 学科特点 学习误区 学习方法 2 3 myself 姓名:常华
苹 学号:222010316011251 年级:2010级 班级:化学...
www.docin.com/p-20233... 2011-05-14 ▾ - 百度快照

怎样学好大学计算机基础 - 综合课件 - 道客巴巴
PDF文档(共22页) - 下载需30积分
1目录 大学计算机基础 自我介绍 学习目的 学科特点 学习误区 学习方法23myself 姓名常华苹
学号222010316011251 年级2010级 班级化学师范四班4学习的主要目的在于让...
www.doc88.com/p-46211... 2012-06-17 ▾ - 百度快照

图 22-2　多关键字检索

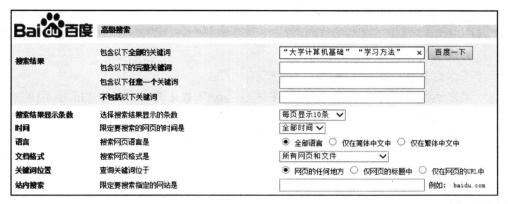

图 22–3　"高级搜索"设置对话框

"高级搜索"设置对话框的说明:

"包含以下的完整关键词":在搜索结果中该字段完整出现。

"包含以下任意一个关键词":只要包含任意一个给定的词,都会在结果中出现。

"不包括以下关键词":在搜索过程中有该项给定的关键词,都不会在结果中出现。

"时间":可以限定网页更新时间("全部时间"、"最近一天"、"最近一周"、"最近一月"、"最近一年")。

"文档格式":可以限定返回结果的格式(如 .pdf、.doc、.xls 等)。

"关键词位置":可以限定关键词在标题还是在 URL 中等。

"站内搜索":可以限定仅在哪个网站内搜索。

22.4.4　数学公式的搜索

i. 双击"Internet Explorer",打开 IE 浏览器,在地址栏里输入"www.baidu.com"。

ii. 在文本框内输入"100*23+(45-9)/3",点击"百度一下",返回的搜索结果如图 22-4 所示。

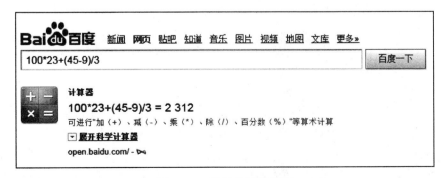

图 22–4　数学公式的搜索

小贴士

百度支持多种数学运算：

基本运算符：加"+"、减"-"、乘"*"、除"/"；

算术运算符：次方"^"、模"%"、平方根"sqrt"、以 e 为底的对数"ln"、以 10 为底的对数"lg"；

三角函数：sin、cos、tan、cot 等。

课外练习

该练习包含以下任务，由读者独立完成。

（1）练习使用百度搜索引擎搜索信息。

（2）练习使用百度搜索引擎在指定网站搜索软件。

（3）练习使用百度搜索引擎搜索数学公式。

（4）练习使用百度搜索引擎搜索三角函数。

实验23 连接到无线网络

23.1 实验目的

（1）了解无线网络；
（2）连接到无线网络。

23.2 知识要点

无线网络

无线网络（Wireless Network）是采用无线通信技术实现的网络。

主流应用的无线网络分为通过公众移动通信网实现的无线网络（如 4G、3G 或 GPRS）和无线局域网（Wi-Fi）两种方式。

23.3 实验任务和要求

（1）利用笔记本（或带无线网卡的台式机）连接到无线网络；
（2）手机连接到无线网络。

23.4 实验内容及操作步骤

23.4.1 连接到开放式（未加密）的无线网络

i. 依次点击"开始"菜单，"控制面板"，进入控制面板主页。

ii. 依次点击"网络和 Internet"，"网络和共享中心"，在"更改网络设置"中点击"连接到网络"，查看当前无线网络列表，如图 23-1 所示。

图 23-1 中的"seu-wlan"图标 表示当前无线网络为开放式的，可以直接连接。

iii. 选中"seu-wlan"，点击"连接"按钮，即可连接该无线网络。如果想要设置该计算机检测到"seu-wlan"无线网络时自动连接，则将"自动连接"勾选中，如图 23-2 所示，连接成功的效果图如图 23-3 所示。

23.4.2 连接到非开放式（加密）的无线网络

i. 依次点击"开始"菜单，"控制面板"，进入控制面板主页。

图 23-1　查看无线网络

图 23-2　设置自动连接

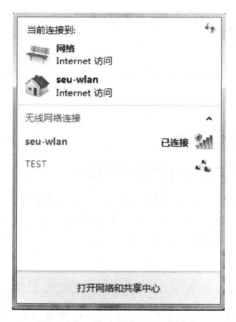

图 23-3　成功连接到无线网络

ⅱ. 依次点击"网络和 Internet"→"网络和共享中心",在"更改网络设置"中点击"连接到网络",查看当前无线网络列表。

图 23-3 中无线网络"TEST"图标 表示当前无线网络为加密的,需要密码连接。

iii. 选中"TEST",点击"连接"按钮,在无线连接过程中会要求输入密钥,如图 23-4 所示,密钥输入正确后方可成功连接到网络。

图 23-4　输入密钥

23.4.3　手机连接到无线网络

i. 进入手机的设置项,打开"WLAN",如图 23-5 所示。

ii. 点击"WLAN",点击"扫描",扫描出当前区域内的所有 Wi-Fi 热点,如图 23-6 所示。

图 23-5　打开"WLAN"

图 23-6　扫描 Wi-Fi 热点

iii. 选择需要连接的热点进行连接,其连接过程和计算机连接类似。

本例以三星手机为例,根据手机型号不同,连接过程可能略有区别。

课外练习

该练习包含以下任务,由读者独立完成。

练习连接到 Wi-Fi 热点,并使用网络资源。

实验24 管理无线网络 *

24.1 实验目的

（1）管理无线路由网络；
（2）创建无线 Wi-Fi。

24.2 实验任务和要求

（1）利用 360 免费 Wi-Fi 创建一个 Wi-Fi 热点；
（2）通过计算机设置并管理无线路由器。

24.3 实验内容及操作步骤

24.3.1 利用 360 免费 Wi-Fi,将自己的无线网络设置为 Wi-Fi 热点

（1）打开 360 安全卫士,在"功能大全"中选择"更多",如图 24-1 所示,打开 360 功能编辑界面。

图 24-1 360 基本功能

（2）在"未添加功能"中点击"免费 WiFi",360 将自动完成安装免费 Wi-Fi 过程,安装结束后"免费 WiFi"图标将出现在"已添加功能"中,如图 24-2 所示。
（3）点击"免费 WiFi"图标,360 将完成无线 Wi-Fi 的创建过程,其创建结果如图 24-3 所示。
（4）修改免费 Wi-Fi 的名称以及密码,如图 24-4 所示。
通过点击"目前共有 1 人在线",可以查看当前连接的设备情况,如图 24-5 所示。

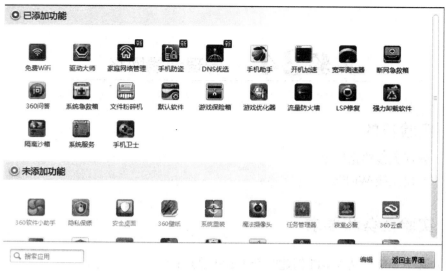

图 24-2　添加免费 Wi-Fi 功能

图 24-3　免费 Wi-Fi 创建完成

图 24-4　修改 Wi-Fi 名称及密码

图 24-5　查看当前连接情况

（5）设置网络共享，允许无线设备访问网络。

依次打开"控制面板"→"网络和 Internet"→"网络和共享中心"，点击"本地连接"，打开"本地连接　状态"对话框，点击"属性"，弹出"本地连接　属性"对话框，单击"共享"选项卡，在"Internet 连接共享"中勾选"允许其他网络用户通过此计算机的 Internet 连接来连接"，并选择"家庭网络连接"为"无线网络连接 2"，确定即可，如图 24-6 所示。

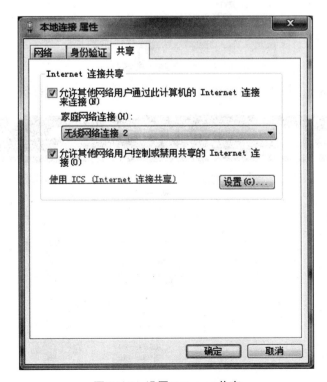

图 24-6　设置 Internet 共享

360 免费 Wi-Fi 功能目前不支持 Windows 7 以下的操作系统。但现在针对创建免费 Wi-Fi 的软件有多种,读者可以根据自己的操作系统选择适合自己的 Wi-Fi 管理软件,解决无线网络共享的问题。

24.3.2 通过计算机设置自己的无线路由器参数(以 TP-LINK ADSL 无线路由一体机为例介绍无线路由的部分功能)

(1)连接到无线路由器。打开 IE 浏览器,在 IE 地址栏输入 "http://192.168.1.1"(该地址是路由器地址,路由器设置不同,地址有可能不同),输入用户名和密码,进入路由器的管理界面,如图 24-7 所示。

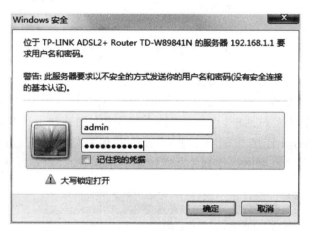

图 24-7　无线路由器验证

(2)在管理界面中单击"运行状态",可以查看当前路由器的运行状态,如图 24-8 所示。

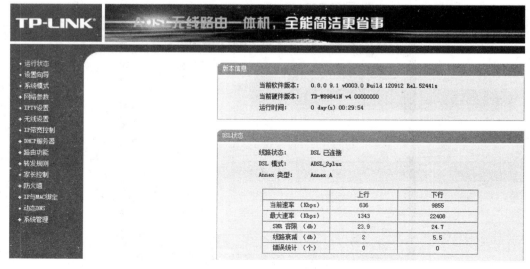

图 24-8　运行状态

（3）"设置向导"可以设置无线路由器的系统模式：ADSL 无线路由模式和无线路由模式两种模式下都需要提供用户名和密码访问网络。

（4）"网络参数"可以进行 WAN 口设置和 LAN 口设置等。

（5）"无线设置"中的"无线安全设置"选项，可以设置 Wi-Fi 的 SSID、Wi-Fi 的加密方式以及密码等，如图 24-9 所示。

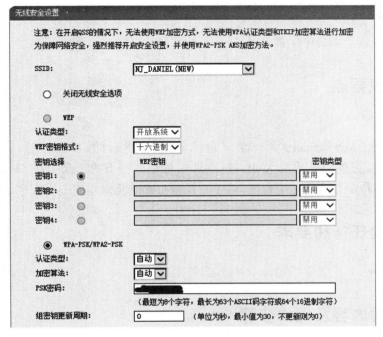

图 24-9　无线安全设置

（6）"系统管理"可以对当前路由器进行管理，如重启路由器、恢复出厂设置、软件升级等。

由于各个型号的路由器功能不相同，具体的功能参数设置请参考设备说明书。

课外练习

该练习包含以下任务，由读者独立完成。

（1）将自己的笔记本（或带无线网卡的台式机）设置成免费 Wi-Fi。

（2）使用手机连接到自己创建的 Wi-Fi。

实验25 配置 Web 服务器 *

25.1 实验目的

在 Windows 7 系统中配置 Web 服务器。

25.2 知识要点

Web 服务

Web 服务（Web service）是一个平台独立的、低耦合的、自包含的、基于可编程的 Web 应用程序，可使用开放的 XML（标准通用标记语言下的一个子集）标准来描述、发布、发现、协调和配置这些应用程序，用于开发分布式的互操作的应用程序。

25.3 实验任务和要求

在 Windows 7 系统中搭建一个 Web 服务器。

25.4 实验内容及操作步骤

25.4.1 在 Windows 7 系统中搭建一个 Web 服务器

（1）依次打开"控制面板"→"程序"，在"程序和功能"中点击"打开或关闭 Windows 功能"，打开"Windows 功能"界面，如图 25-1 所示。

（2）点击"Internet 信息服务"，依次选中"Internet 信息服务"下面的所有选项，如图 25-2 所示，点击"确定"后完成 Windows 的功能更改过程。

（3）更新完成后，打开 IE 浏览器，在地址栏输入"http://localhost/"，如果此时出现 IIS7 欢迎界面，如图 25-3 所示，说明 Web 服务器已经搭建成功。

（4）当 Web 服务器搭建成功后，将网站安装到 Web 服务器的目录中。一般情况下，当 Web 服务器安装完成后，会在系统根目录下创建路径"inetpub\wwwroot"，将我们开发的网站拷贝到该路径下，即可实现本地访问该网站，如图 25-4 所示。

图 25-1　Windows 功能

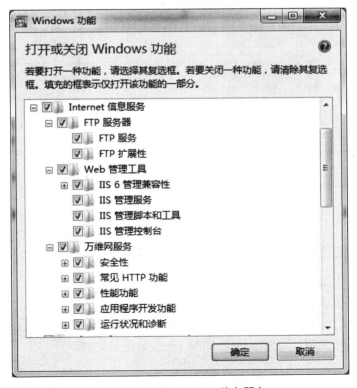

图 25-2　添加 Internet 信息服务

图 25-3 IIS7 欢迎界面

图 25-4 系统默认存放目录

25.4.2 将该网站设置成网络中其他用户均可访问

（1）依次打开"控制面板"→"系统和安全"，在"Windows 防火墙"中点击"允许程序通过 Windows 防火墙"，弹出设置对话框，如图 25-5 所示。

（2）点击"更改设置"，在"允许的程序和功能"中选择"万维网服务（HTTP）"，并勾选"家庭/工作（专用）"和"公用"，如图 25-6，确定后完成。

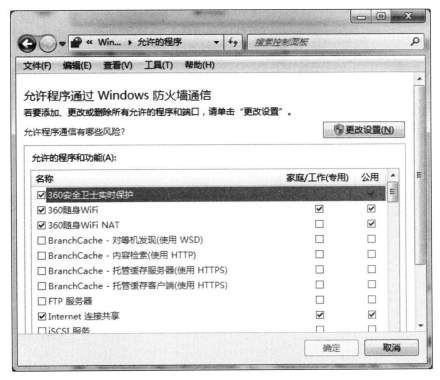

图 25-5　允许程序通过防火墙

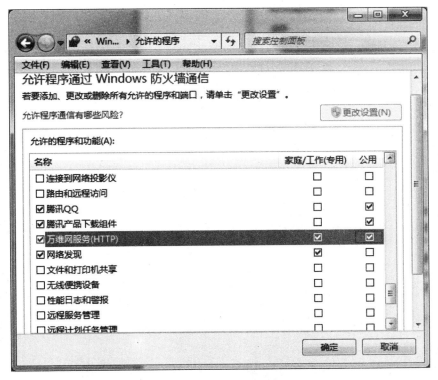

图 25-6　设置万维网服务

（3）打开 IE 浏览器，在地址栏输入"http://58.200.73.188"。如果此时出现 IIS7 欢迎界面，如图 25-3 所示，说明 Web 服务器已经搭建成功并且可以通过局域网或广域网访问。

"58.200.73.188"是本机 IP 地址，读者根据自己计算机的地址填写。

课外练习

该练习包含以下任务，由读者独立完成。

将本机设置为 Web 服务器，并在本机和局域网内测试。

第六部分
数据库系统实践

    Microsoft Access 2010 是微软公司推出的基于 Windows 桌面的关系数据库管理系统（RDBMS），是 Microsoft Office 系列应用软件之一。它提供了表、查询、窗体、报表、页、宏和模块 7 种用来建立数据库系统的对象；提供了多种向导、生成器、模板，把数据存储、数据查询、界面设计和报表生成等操作规范化。这为建立功能完善的数据库管理系统提供了方便，也使得普通用户不必编写代码，就可以完成大部分数据管理的任务。

    Microsoft Access 2010 是微软公司 2009 年推出的，与其他版本相比，Access 2010 除了继承和发扬了以前版本的功能强大、界面友好、易学易用的优点之外，在界面的易用性方面和支持网络数据库方面进行了很大改进。

    建立 Access 2010 数据库即是创建诸多与特定应用有关的对象（如表、窗体、查询以及报表等），这些数据库对象均保存在同一个以 .accdb 为扩展名的数据库文件中。

    1. 数据库：数据库是以某种文件结构存储的一系列信息表，这种文件结构使得用户能够访问这些表、选择表中的列、对表进行排序以及根据各种标准项执行。

    2. 数据表：数据表是关系型数据库系统的基本结构，是关于特定主体数据的集合。

    3. 查询：查询用于在一个或多个数据表内查找特定的数据或对数据进行统计汇总，也可利用查询进行数据表的生成、删除和替换等。

实验26　创建数据库和数据表

26.1　实验目的

（1）了解 Access 2010 的开发环境及特点，熟悉 Access 2010 的开发界面；

（2）掌握使用 Access 2010 建立数据库；

（3）掌握在 Access 2010 数据库中建立数据表；

（4）在数据表中录入和导入数据。

26.2　知识要点

数据类型

Access 2010 常用的数据类型有以下几种：

（1）文本：包括文本和数字的组合，最多 255 个字符。

（2）数字：存放用于可计算的数字数据（非货币）。

（3）日期 / 时间：用于存储日期和时间，长度固定为 8 个字节。

（4）货币：是一种特殊的数字类型。

（5）是 / 否：逻辑型，取一值。

（6）查阅向导：可以显示出相关联的数值。

（7）OLE 对象：存放 Word、Excel、图像、声音等文件。

（8）自动编号。

26.3　实验任务和要求

（1）使用 Access 2010 创建数据库；

（2）使用 Access 2010 在数据库中创建表；

（3）在数据表中录入和导入数据、理解数据校验。

26.4　实验内容及操作步骤

26.4.1　了解 Access 2010 的开发环境和特点

（1）启动 Access 2010，进入 Access 2010 数据库开发界面

i. 在"可用模板"列选择"空数据库"；

ii. 点击文件名右侧的图标📁选择文件保存位置；

iii. 左侧选择"D"盘，在"文件名"编辑框内输入"学生管理"，如图 26-1 所示，单击"确定"按钮保存；

图 26-1　新建数据库对话框

ⅳ. 单击"创建"按钮，创建"学生管理"数据库。

（2）了解 Access 2010 开发界面

ⅰ. 进入 Access 2010 开发界面，如图 26-2 所示。

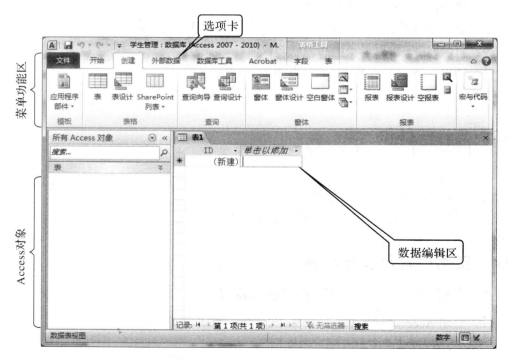

图 26-2　Access 2010 开发界面

ⅱ. 单击"关闭"按钮，退出 Access 2010 开发界面。

26.4.2 通过设计器创建数据表

（1）通过设计器创建"学生"表

i. 双击打开"学生管理"数据库。

> 如果出现数据库打开安全警告对话框（如图示26-3所示），点击"启用内容"，
> 进入学生管理编辑环境。

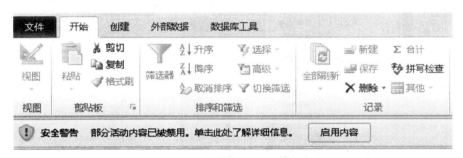

图 26-3 数据库安全警告对话框

ii. 单击"创建"选项卡，在菜单功能区的"表格"组内选择"表设计"，进入表设计的编辑环境，依次输入字段名称、数据类型和说明，并对各个字段进行字段属性设置，具体字段要求见表26-1，学生表设置结果如图26-4所示。

表 26-1 "学生"表中各字段名称和设置值

类型	字段名称	数据类型	说明	字段大小	默认值	必需
说明	字段的名称，数据引用时使用该名称	字段的类型，常用的有文本型、数字型、日期/时间型、货币型等	字段的注释	字段的长度，超出长度的内容将不允许输入	如果该字段不输入值，则以该默认值填充字段	表示该字段是否必须填写内容，默认为"否"
设置情况	学号	文本	学生学号	8		是
	姓名	文本	学生姓名	10		是
	性别	文本	学生性别	1	男	是
	出生日期	日期/时间	学生出生日期			否
	民族	文本	学生民族	10		否
	籍贯	文本	学生籍贯	20		否

图 26-4　表设计编辑环境

iii. 单击"文件"菜单下的"保存"按钮会出现"另存为"对话框,在"表名称"框内输入"学生",单击"确定"按钮保存。

在设计表时,如果需要修改字段的数据类型,可以在"数据类型"的下拉列表中直接修改(如图 26-5 所示)。

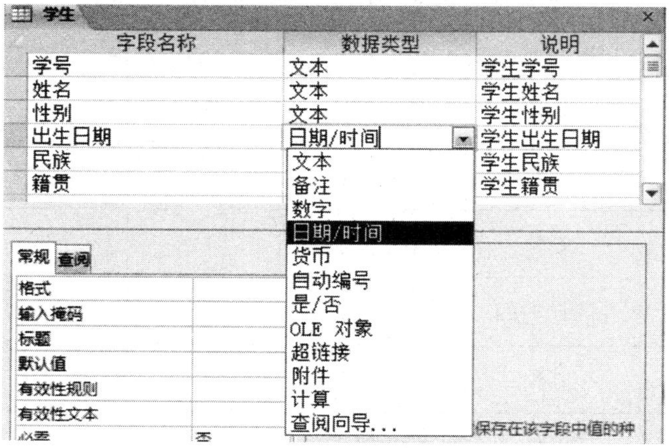

图 26-5　修改数据类型

（2）通过设计器创建"课程"表

按照以上的操作步骤,在"学生管理"数据库中创建"课程"表,字段及要求如表26-2中所示。

表26-2 "课程"表中各字段名称和设置值

类型	字段名称	数据类型	字段大小	必需	主键	其他设置
设置情况	课程编号	文本	2	是	是	
	课程名称	文本	10	是	否	
	必修	是/否			否	
	课时数	数字		否	否	整型
	学分	数字		否	否	固定1位小数

小贴士

将"课时数"字段设置为"整型"的方法:选中"课时数"字段,将"数据类型"设置为"数字",在字段属性列表中,将"字段大小"通过下拉列表的方式,选为"整型"(如图26-6所示)。

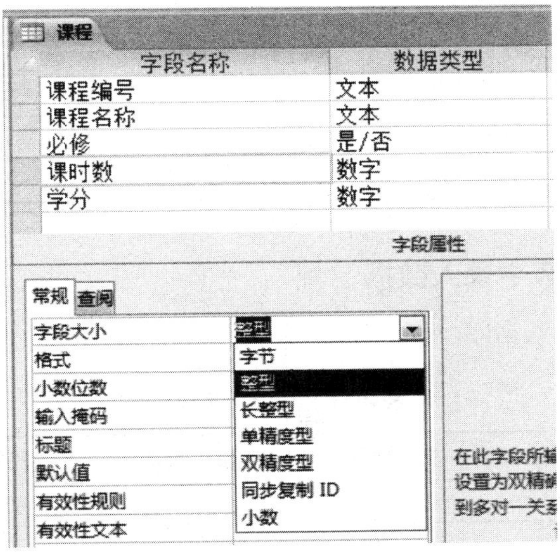

图26-6 将"课时数"设置为"整型"

小贴士

将"学分"字段设置为"固定1位小数"的方法:选中"学分"字段,将"数据类型"设置为"数字",在字段属性列表中,将"字段大小"通过下拉列表选为"单精度型";"格式"通过下拉列表的方式设为"固定";"小数位数"通过下拉列表的方式设为"1",如图26-7所示。

图 26-7　设置数据类型

（3）通过设计器创建"成绩备份"表

按照以上的操作步骤,在"学生管理"数据库中创建"成绩备份"表,字段及要求如表 26-3 所示。

表 26-3　"成绩备份"表中各字段名称和设置值

类型	字段名称	数据类型	字段大小	必需字段	其他设置
设置情况	学号	文本	8	是	
	课程编号	文本	2	是	
	考分	数字			单精度

26.4.3　在"学生"表中录入数据

打开"学生管理"数据库,双击"学生"表,依次录入表 26-4 中的数据。

表 26-4　"学生"表记录

学号	姓名	性别	出生日期	民族	籍贯
04020201	史建平	男	1989-1-20	汉族	江苏南京
04020202	王炜	男	1989-9-19	汉族	江苏镇江
04020203	荣金	男	1989-12-24	汉族	江苏苏州
04020204	齐楠楠	女	1988-3-11	汉族	北京
04020205	邹仁霞	女	1987-4-11	回族	重庆
04020206	惠冰竹	女	1989-5-14	汉族	江苏扬州
04020207	闻闰寅	男	1988-6-14	汉族	江苏南通
04020208	陈洁	女	1988-8-1	汉族	江苏南京
04020209	陈香	女	1989-8-29	苗族	上海
04020210	范燕亮	男	1988-12-24	汉族	江苏苏州

小贴士

在录入数据时,在表格的最后一行有一个以"*"开始的记录,表示一条新记录,没有输入任何内容时,该记录不保留。

26.4.4 用同样的方式将表 26–5 中的数据录入到"课程"表中

表 26–5 "课程"表记录

课程编号	课程名称	必修	课时数	学分
01	体育	TRUE	40	2.5
02	计算机基础及应用	TRUE	16	1
03	会计学	FALSE	24	1.5
04	马克思主义哲学	TRUE	32	2
05	高等数学	TRUE	64	4
06	思想道德修养	FALSE	16	1
07	审计学	FALSE	24	1.5
08	大学英语	TRUE	48	3

小贴士

"必修"字段中,"TRUE"表示真,即值为"必修";"FALSE"表示假,即值为"不是必修"。

26.4.5 将"学生管理样表"中的"成绩"表中的数据导入"学生管理"数据库中

(1)打开"学生管理"数据库,单击"外部数据",在菜单功能区的"导入并链接"组内点击"Access"按钮,打开"获取外部数据 -Access 数据库"对话框,单击"文件名"文本框旁的"浏览"按钮,选择"D"盘的"学生管理样表 .accdb",如图 26-8 所示,选定数据源后单击"打开"按钮,会弹出"导入对象"对话框。

(2)在"导入对象"对话框中,选择"表"选项卡中的"成绩",如图 26-9 所示。点击"确定"按钮,完成数据导入,如图 26-10 所示。

图 26-8 "打开"对话框

图 26-9 "导入对象"对话框

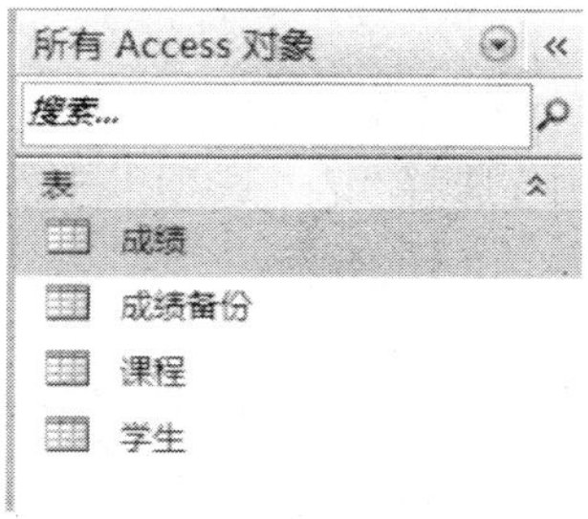

图 26-10 完成数据导入

课外练习

该练习包含以下任务,由读者独立完成。

(1)建立"图书管理"数据库。

(2)在数据库中添加"图书""读者""借阅"3张表,其表结构如表26-6、表26-7和表26-8所示。

表26-6 "图书"表中各字段名称和设置值

类型	字段名称	数据类型	字段大小	默认值	必需
设置情况	图书编号	文本	9		是
	图书名称	文本	20		是
	作者	文本	8		是
	单价	货币			否
	出版社	文本	20		否
	出版日期	日期/时间		Date()	否

表26-7 "读者"表中各字段名称和设置值

类型	字段名称	数据类型	字段大小	默认值	必需
设置情况	读者编号	文本	8		是
	姓名	文本	8		是
	地址	文本	20		是
	邮编	文本	6		否
	电话号码	文本	15		否

表26-8 "借阅"表中各字段名称和设置值

类型	字段名称	数据类型	字段大小	默认值	必需
设置情况	序号	自动编号			
	图书编号	文本	9		是
	读者编号	文本	8		是
	借阅数量	数字(整型)			
	备注	备注			

(3)打开"图书管理"数据库,在"图书"表中录入表26-9中的数据,在"读者"表中录入表26-10中的数据,在"借阅"表中录入表26-11中的数据。

表 26-9 "图书"表数据

图书编号	图书名称	作者	单价	出版社	出版日期
030330444	数据库基础与应用实验指导	付兵	18.00	科学出版社	2012/8/10
302288282	数据库 Access 应用教程	陈恭和	26.00	清华大学出版社	2012/4/1
302336594	数据库设计与应用开发实践	陆慧娟	29.00	清华大学出版社	2014/1/1
310042425	大学英语教学理论与实践	陈品	28.00	南开大学出版社	2014/4/10
535232426	体育与健康	许业鸿	23.00	湖北科学技术出版社	2004/4/10
564084707	大学计算机应用基础	徐辉	42.00	北京理工大学出版社	2013/5/10
566307743	大学英语通识教程	汪先锋	29.00	对外经济贸易大学出版社	2013/12/1
894596079	中文版 Windows 7 从入门到精通	林登奎	45.60	中国铁道出版社	2011/4/8

表 26-10 "读者"表数据

读者编号	姓名	地址	邮编	电话号码
10101123	张扬	江苏省南京市	210000	138****3120
10125542	张雪	湖南省长沙市	613000	158****4286
15111031	艾青	香港特别行政区	120012	125****12215
15111243	张雪	上海市	200000	159****4201
16111243	刘洋	上海市	200000	159****4201
20101132	李牧	广东省广州市	151100	158****5201

表 26-11 "借阅"表数据

序号	图书编号	读者编号	借阅数量	备注
1	030330444	10101123	2	
2	302288282	15111243	3	
3	302336594	20101132	1	
4	564084707	15111031	2	
5	566307743	16111243	1	
6	030330444	20101132	1	
7	302288282	20101132	2	
8	302336594	15111031	1	
9	535232426	10101123	1	
10	564084707	10101123	2	
11	894596079	15111031	2	
12	302288282	15111031	2	
13	302336594	16111243	3	

（续表）

序号	图书编号	读者编号	借阅数量	备注
14	310042425	20101132	2	
15	564084707	10125542	3	
16	564084707	20101132	1	
17	894596079	16111243	2	
18	535232426	16111243	2	
19	566307743	15111031	1	
20	894596079	10125542	1	
21	302288282	10125542	3	
22	310042425	16111243	2	
23	564084707	16111243	2	
24	566307743	20101132	1	
25	894596079	20101132	1	
26	566307743	10125542	1	
27	566307743	15111243	1	
28	030330444	10125542	2	
29	310042425	15111031	3	
30	535232426	20101132	5	

实验27　创建数据表关系

27.1　实验目的

（1）了解主键的意义；

（2）了解多表间关系的种类；

（3）如何创建表间关系。

27.2　知识要点

27.2.1　主键

当 Access 数据库中的某个表具有一个字段或一个字段集可唯一标识该表中存储的每条记录时，则可以将它设置为主键。主键的选择是在新数据库的设计中做出的最关键决策之一。

27.2.2　关系

良好的数据库设计目标之一是消除数据冗余（重复数据）。要实现该目标，可将数据拆分为多个基于主题的表，使每个因素只显示一次。然后，通过在相关表中放置公共字段来为 Access 数据库提供将拆分的信息组合到一起的方法。但是，要正确执行该步骤，必须首先了解表之间的关系，然后在 Access 数据库中指定这些关系。表间有三种类型的关系。

（1）一对多关系

如"学生管理"数据库，其中包含"学生"表和"成绩"表。学生选修多门课程后都会有相应的考试成绩。"学生"表中的每位学生都是这样，"成绩"表中可以显示很多成绩。因此，"学生"表和"成绩"表之间的关系就是一对多关系。

要在数据库设计中表示一对多关系，应先获取关系"一"方的主键，并将其作为额外字段添加到关系"多"方的表中。例如在本例中，可将学生的学号添加到"成绩"表中。然后，Access 可以使用"成绩"表中的"学号"来查找每个学生的准确信息。

（2）多对多关系

考虑"选课"表和"成绩"表之间的关系。单门课程可以被多个学生选修；一个学生也可能选修多门课程。因此，对于"成绩"表中的每条记录，都可能与"选课"表中的多条记录对应。此外，对于"选课"表中的每条记录，都可以与"成绩"表中的多条记录对应。这种关系称为多对多关系，因为对于任何学生，都可以有多个成绩，而对于任何课程，都可以被多个学生选修。请注意，为了检测到表之间的现有多对多关系，务必考虑关系的双方。

要表示多对多关系，必须创建第三个表，该表通常称为连接表，它将多对多关系划分为两个一对多关系。将这两个表的主键都插入到第三个表中。因此,第三个表记录关系的每个匹配项或实例。例如,"成绩"表和"选课"表是多对多的关系,这种关系是通过与"选修成绩"表建立两个一对多关系来定义的。单门课程可以被多个学生选修,一个学生也可能选修多门课程。

（3）一对一关系

在一对一关系中,第一个表中的每条记录在第二个表中只有一个匹配记录,而第二个表中的每条记录在第一个表中也只有一个匹配记录。这种关系并不常见,因为多数以此方式相关的信息都存储在一个表中。可以使用一对一关系将一个表分成许多字段,或出于安全原因隔离表中的部分数据,或存储仅应用于主表的子集的信息。标识此类关系时,这两个表必须共享一个公共字段。

27.2.3　参照完整性

参照完整性是一个规则系统,Access 使用这个系统来确保相关表中记录之间关系的有效性,并且不会意外地删除或更改相关数据。

27.3　实验任务和要求

（1）为数据表设置主键;
（2）使用 Access 2010 在数据库中创建表间的关系并实施参照完整性。

27.4　实验内容及操作步骤

27.4.1　在"学生"表中将"学号"字段设为主键

（1）打开"学生管理"数据库,右击"学生表",选择"设计视图"。
（2）选中"学号"字段,单击菜单功能区"工具"组内的"主键"按钮,将"学号"字段设置为主键。或者右击"学号"字段,选择"主键",将"学号"字段设置为主键,如图27-1 所示。
用同样的方法,将"课程"表的"课程编号"字段设置为主键。

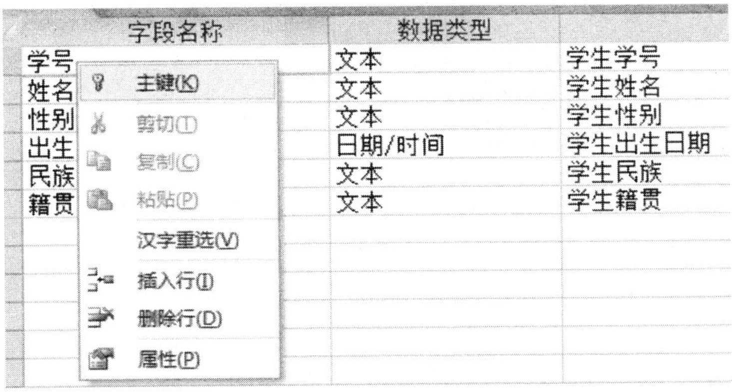

图 27-1　设置"学号"主键

27.4.2 建立"学生"表和"成绩"表之间的关系，关联字段"学号"

（1）单击"数据库工具"，在菜单功能区的"关系"组内选择"关系"，打开关系编辑框。在"显示表"对话框中，将"学生"表和"成绩"表添加到关系编辑区中，点击"关闭"按钮，如图 27-2 所示。

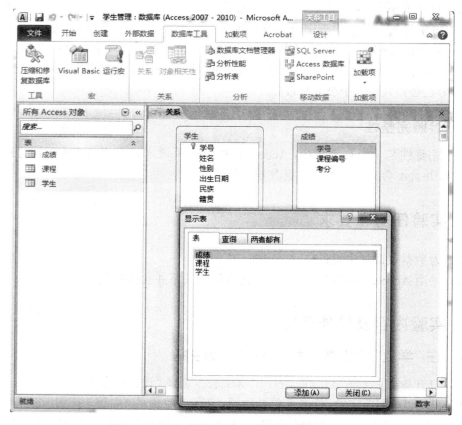

图 27-2 添加"学生"表和"成绩"表到关系中

（2）点击"工具"组中的"编辑关系"按钮，出现"编辑关系"对话框，如图 27-3 所示。

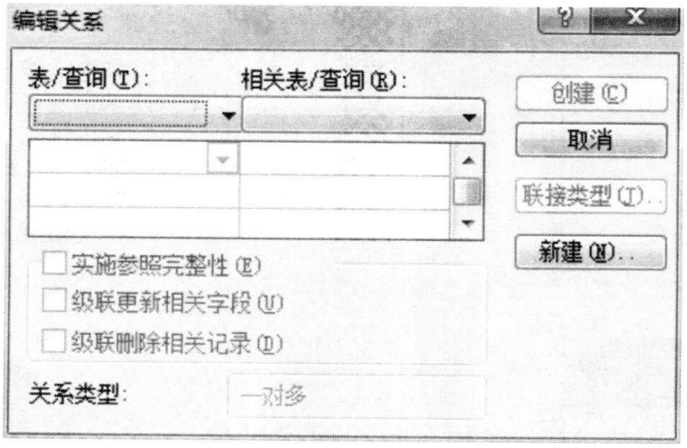

图 27-3 "编辑关系"对话框

（3）单击"新建"，"左表名称"选择"学生"，"左列名称"选择"学号"，"右表名称"选择"成绩"，"右列名称"选择"学号"，如图27-4所示，单击"确定"按钮。

图 27-4 选择关系表名和列名

（4）选中"实施参照完整性"，同时选中"级联更新相关字段"和"级联删除相关记录"，如图27-5所示。

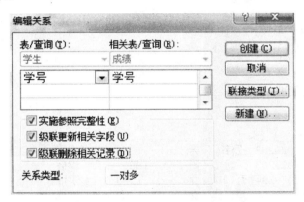

图 27-5 实施参照完整性

小贴士

实施参照完整性：

（1）级联更新：对"学生"表的"学号"更新后，自动更新"成绩"表的对应"学号"字段。

（2）级联删除：删除"学生"表的学生记录时，自动删除"成绩"表中对应的学生成绩记录。

（5）点击"创建"，建立"学生"表和"成绩"表以"学号"为关联的一对多的关系，如图27-6所示。

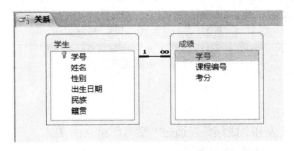

图 27-6 创建完成的关系

（6）保存退出。

用同样的方法，建立"课程"表和"成绩"表之间的关系，关联字段为"课程编号"，并实施级联更新和级联删除完整性。

27.4.3 验证关系及参照完整性

（1）打开"学生"表，对应的学号前有"+"字样，表明已经建立关系，点击"+"，可以查看关联的成绩信息，如图27-7所示。

学号	姓名	性别	出生日期	民族	籍贯
04020201	史建平	男	1989/1/20	汉族	江苏南京

课程编号	考分
01	75
02	67
03	65
04	87
05	80
06	69
07	77
08	78

学号	姓名	性别	出生日期	民族	籍贯
04020202	王炜	男	1989/9/19	汉族	江苏镇江
04020203	荣金	男	1989/12/24	汉族	江苏苏州
04020204	齐楠楠	女	1988/3/11	汉族	北京
04020205	邹仁霞	女	1987/4/11	回族	重庆
04020206	惠冰竹	女	1989/5/14	汉族	江苏扬州
04020207	闻闰寅	男	1988/6/14	汉族	江苏南通
04020208	陈洁	女	1988/8/1	汉族	江苏南京
04020209	陈香	女	1989/8/29	苗族	上海
04020210	范燕亮	男	1988/12/24	汉族	江苏苏州
		男			

图27-7 在"学生"表中查看成绩

（2）选择一学生记录，按"Delete"键，会出现级联删除提示信息，表明该表已经和成绩表实施级联删除完整性，如图27-8所示。

Microsoft Access

⚠ 指定级联删除的关系将导致该表中的 1 记录和相关表中的相关记录都被删除。
确实要删除这些记录吗？

[是(Y)]　[否(N)]　[帮助(H)]

图27-8 级联删除提醒

27.4.4 删除关系

（1）右击"学生"表和"成绩"表通过"学号"建立的关系。

（2）选择"删除"。如图27-9所示。

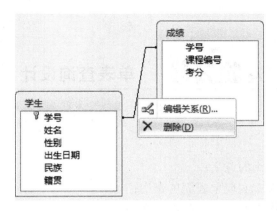

图 27-9　编辑或删除关系

课外练习

该练习包含以下任务，由读者独立完成。

打开实验 26 完成的"图书管理"数据库，完成以下操作。

（1）设置"图书"表的"图书编号"为主键，设置"读者"表的"读者编号"为主键。

（2）建立"图书"表、"借阅"表、"读者"表三者的关系，并实施参照完整性（级联更新和级联删除）。

实验28 单表查询设计

28.1 实验目的

（1）了解数据库查询的意义；

（2）掌握在数据库中实现单表简单查询；

（3）掌握在数据库中实现单表条件查询；

（4）理解排序和定界符的概念。

28.2 实验任务和要求

（1）通过向导完成查询；

（2）通过设计视图完成简单查询；

（3）通过设计视图完成条件查询。

28.3 实验内容及操作步骤

28.3.1 通过向导查询出所有学生的"姓名"、"出生日期"和"籍贯"，并将查询结果保存为"Q1简单向导查询"

（1）单击"创建"，在菜单功能区的"查询"组内选择"查询向导"，打开"新建查询"界面，如图28-1所示。

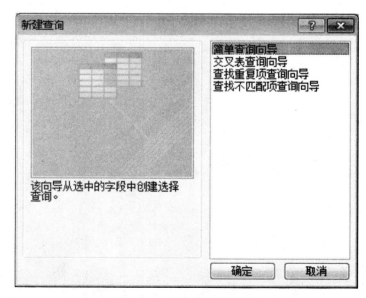

图28-1 "新建查询"界面

（2）选择"简单查询向导"，点击"确定"按钮进入"简单查询向导"界面，如图28-2
所示。

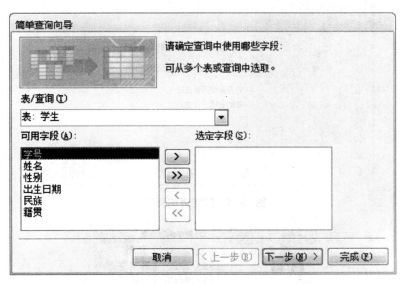

图 28-2　"简单查询向导"界面

（3）在"表/查询"中选择"表：学生"，在"可用字段"中选择"姓名"、"出生日期"
和"籍贯"，并通过 > 按钮移至右列"选定字段"栏中，如图28-3所示。

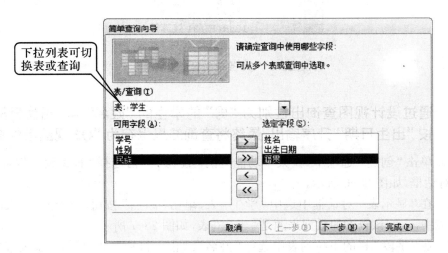

图 28-3　选择表和列

　　如果是所有列，可以直接点击 >> 按钮来进行全选。

（4）点击"下一步"，出现指定查询标题界面，输入"Q1简单向导查询"，如图28-4
所示。点击"完成"按钮完成查询设计，得出查询结果，如图28-5所示。

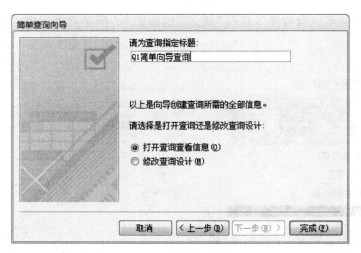

图 28-4　指定查询标题

姓名	出生日期	籍贯
史建平	1989/1/20	江苏南京
王炜	1989/9/19	江苏镇江
荣金	1989/12/24	江苏苏州
齐楠楠	1988/3/11	北京
邹仁霞	1987/4/11	重庆
惠冰竹	1989/5/14	江苏扬州
闻闰寅	1988/6/14	江苏南通
陈洁	1988/8/1	江苏南京
陈香	1989/8/29	上海
范燕亮	1988/12/24	江苏苏州

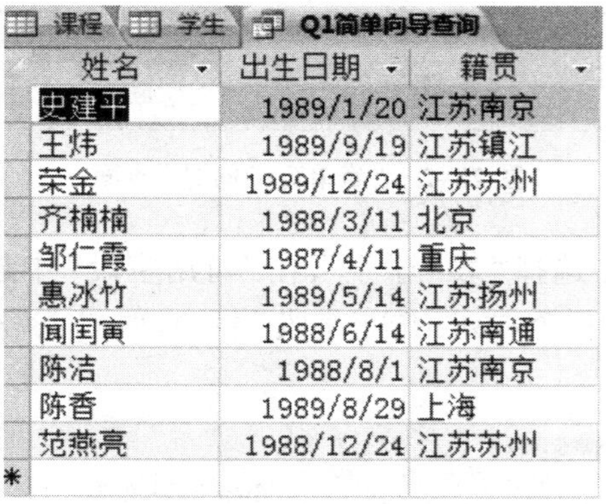

图 28-5　Q1 简单向导查询结果

28.3.2　通过设计视图查询出性别为“男”的学生的“姓名”和“出生日期”,并按“出生日期”升序输出,最终将查询结果保存为“Q2 视图条件查询”

（1）单击“创建”选项卡,在菜单功能区的“查询”组内选择“查询设计”,打开“显示表”对话框,如图 28-6 所示。

（2）在“显示表”对话框中选中“学生”表,单击“添加”按钮,将“学生”表添加到查询环境中,表明该查询的数据来源是“学生”表,如图 28-7 所示。

（3）在“字段”栏的下拉列表中选择“姓名”、“出生日期”和“性别”,其设置情况如表 28-1 所示。字段选择及设置情况图,如图 28-8 所示。

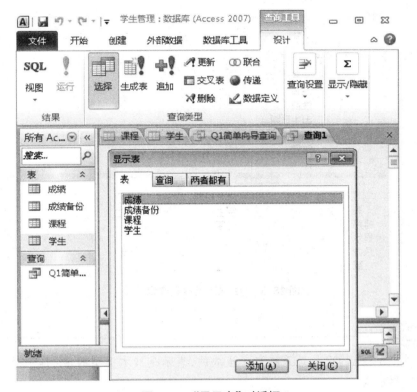

图 28-6 "显示表"对话框

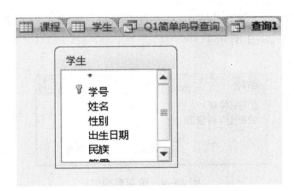

图 28-7 将"学生"表添加到查询环境中

表 28-1 Q2 视图条件查询字段设置

类型	字段	表	排序	显示	条件
说明	选定的字段（*表示所有字段）	该字段的来源表	查询结果是否排序输出，有升序和降序两种	该字段是否在查询结果中显示	针对该字段的条件
设置情况	姓名	学生			
	出生日期	学生	升序		
	性别	学生		不显示	"男"

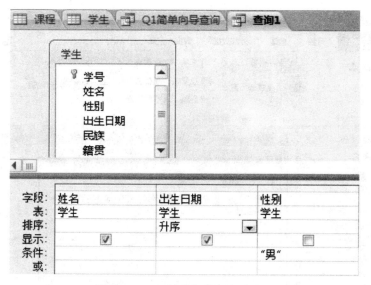

图 28-8　Q2 视图条件查询设计图

　　条件"男"上的引号是系统自动生成的,表示是文本类型的值(即引号是文本类型的定界符)。

　　(4)点击菜单栏中的"保存"按钮,在"查询名称"中输入"Q2 视图条件查询",点击"确定"按钮保存,如图 28-9 所示。

图 28-9　保存查询

　　(5)单击"设计",在菜单功能区的"结果"组内选择"运行",得出运行结果,如图28-10 所示。

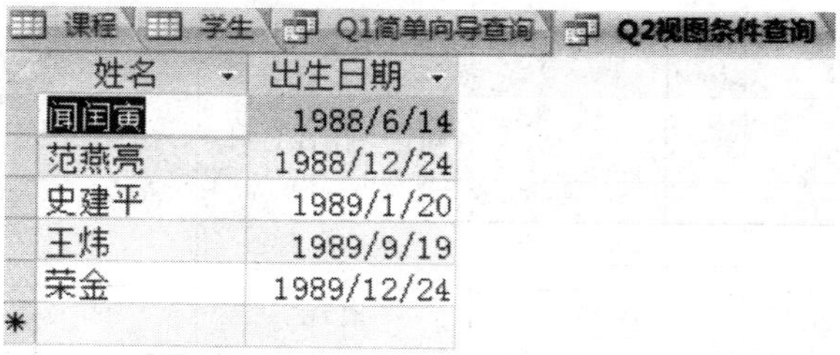

图 28-10　Q2 视图条件查询运行结果

如果想要修改"Q2 视图条件查询",选中"Q2 视图条件查询",单击"开始",在菜单功能区的"视图"组内选择"视图"下的"查询设计",打开"Q2 视图条件查询"设计界面进行修改,如图 28-8 所示。

28.3.3 通过设计视图查询出性别为"男"或者出生日期在 1989 年 1 月 1 日以前的学生的"姓名"、"性别"和"出生日期",最终将查询保存为"Q3 综合条件查询"

（1）单击"创建",在菜单功能区的"查询"组内选择"查询设计",打开查询设计界面。

（2）在"显示表"对话框中选中"学生"后,单击"添加"按钮,将"学生"表添加到查询环境中,表明该查询的数据来源是"学生"表。

（3）在"字段"栏的下拉列表中选择"姓名"、"出生日期"和"性别",其设置情况如表 28-2 所示。字段选择及设置情况如图 28-11 所示。

表 28-2　Q3 综合条件查询字段设置

类型	字段	表	条件
设置情况	姓名	学生	
	性别	学生	"男"
	出生日期	学生	<#1989-1-1#

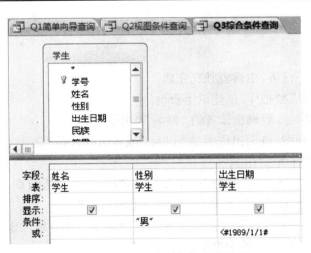

图 28-11　Q3 综合条件查询设计图

（1）图 28-11 中的"#"是日期/时间型数据的定界符,所以本查询中日期必须用"#"定界符(定界符必须配对使用)。

（2）条件表达式有:=(等于)、<>(不等于)、<(小于)、<=(小于等于)、

> （大于）、>=（大于等于）。

（3）逻辑表达式有：AND（与）、OR（或）、（NOT）非。

在查询中，表示或的关系，将条件写在不同行；表示与的关系，将条件写在同一行。

（4）在"文件"中点击"保存"按钮，在"查询名称"中输入"Q3综合条件查询"，点击"确定"按钮保存。

（5）单击"设计"，在菜单功能区的"结果"组内选择"运行"，得出运行结果，如图28-12所示。

姓名	性别	出生日期
史建平	男	1989/1/20
王炜	男	1989/9/19
荣金	男	1989/12/24
齐楠楠	女	1988/3/11
邹仁霞	女	1987/4/11
闻闰寅	男	1988/6/14
陈洁	女	1988/8/1
范燕亮	男	1988/12/24
*	男	

Q1简单向导查询　Q2视图条件查询　Q3综合条件查询

图 28-12　Q3 综合条件查询运行结果

课外练习

该练习包含以下任务，由读者独立完成。

打开"图书管理"数据库，创建以下查询。

（1）利用查询向导，查询出读者的"姓名""电话"。

（2）利用设计视图，查询出作者是"付兵"或者出版社是"清华大学出版社"的图书信息："图书名称""作者""出版社"。

（3）利用设计视图，查询出单价介于25~40之间，并且出版日期在2013年1月1日以后的图书信息："图书名称""作者""单价""出版日期"。

（4）利用设计视图查询出姓张的读者信息："姓名"、"住址"、电话（提示使用Like函数，通配所有字符用"*"；通配单个字符用"?"）。

实验29 多表查询设计

29.1 实验目的

（1）掌握在数据库中实现多表查询；
（2）了解在数据库中实现分组统计查询。

29.2 实验任务和要求

（1）通过设计视图完成多表简单查询；
（2）通过设计视图完成分组统计查询。

29.3 实验内容及操作步骤

29.3.1 通过设计视图查询出学生的"学号"（来自"学生"表）、"姓名"（来自"学生"表）、"课程名称"（来自"课程"表）和"考分"（来自"成绩"表），并将查询保存为"Q4多表查询"

（1）单击"创建"，在菜单功能区的"查询"组内选择"查询设计"，打开查询设计界面，如图29-1所示。

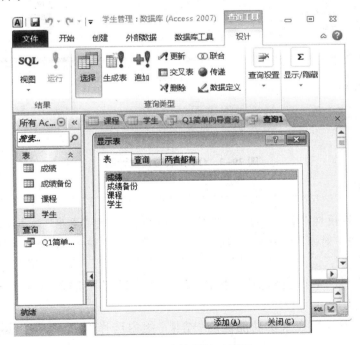

图29-1 查询设计对话框

（2）在"显示表"对话框中使用"添加"按钮,将"学生"表、"课程"表和"成绩"表分别添加到查询环境中,表明该查询的数据来源是这3张表,如图29-2所示。

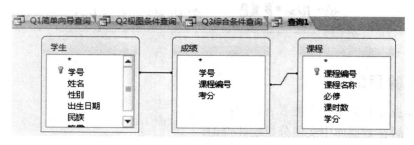

图29-2　将3张表添加到查询环境中

这3张表相互之间都有关系,当表加入到查询环境中时,相互之间自动根据关键字关联。

（3）在"字段"栏的下拉列表中选择"学号"、"姓名"、"课程名称"和"考分",其设置情况如图29-3所示。

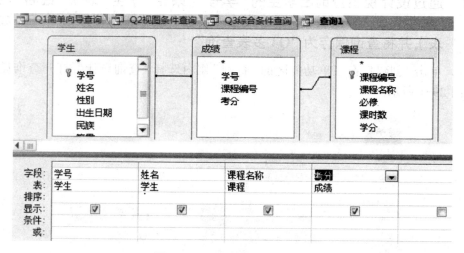

图29-3　Q4多表查询设计图

"学号"字段在"学生"表和"成绩"表中都有,因为"学生"表和"成绩"表之间的关系是"一对多"的关系,所以我们选择"学生"表中的"学号"字段。

（4）在"文件"中点击"保存"按钮,在"查询名称"中输入"Q4多表查询",点击"确定"按钮保存。

（5）单击"设计",在菜单功能区的"结果"组内选择"运行",得出运行结果,如图29-4所示。

Q1简单向导查询	Q2视图条件查询	Q3综合条件查询	**Q4多表查询**

学号	姓名	课程名称	考分
04020201	史建平	体育	65
04020201	史建平	计算机基础及应用	57
04020201	史建平	会计学	55
04020201	史建平	马克思主义哲学	77
04020201	史建平	高等数学	70
04020201	史建平	思想道德修养	59
04020201	史建平	审计学	67
04020201	史建平	大学英语	68
04020202	王炜	体育	81
04020202	王炜	计算机基础及应用	59
04020202	王炜	会计学	64
04020202	王炜	马克思主义哲学	52
04020202	王炜	高等数学	71
04020202	王炜	思想道德修养	77
04020202	王炜	审计学	77
04020202	王炜	大学英语	75
04020203	荣金	体育	56
04020203	荣金	计算机基础及应用	60
04020203	荣金	会计学	82
04020203	荣金	马克思主义哲学	57
04020203	荣金	高等数学	42
04020203	荣金	思想道德修养	56
04020203	荣金	审计学	72

图 29-4　Q4 多表查询运行结果（显示部分）

29.3.2　通过设计视图统计出各门课程的最高分和最低分，显示为"课程名称""考分之最大值"和"考分之最小值"，最终将查询保存为"Q5 分组查询"

（1）单击"创建"，在菜单功能区的"查询"组内选择"查询设计"，打开查询设计界面。

（2）在"显示表"对话框中，将"课程"表和"成绩"表添加到查询环境中，表明该查询的数据来源是这两张表，如图 29-5 所示。

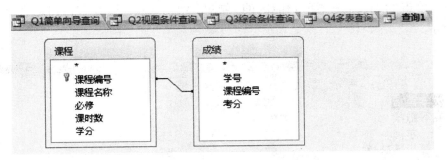

图 29-5　将"课程"表和"成绩"表添加到查询环境中

（3）在"字段"栏的下拉列表中选择"课程名称""考分"和"考分"，并在"设计"的菜单功能区的"显示/隐藏"组内选择"汇总"，各个字段的总计项设置见表 29-1，设置方法如图 29-6 所示。

表 29–1   Q5 分组查询字段设置

类型	字段	表	总计
	课程名称	课程	Group BY
设置情况	考分	成绩	最大值
	考分	成绩	最小值

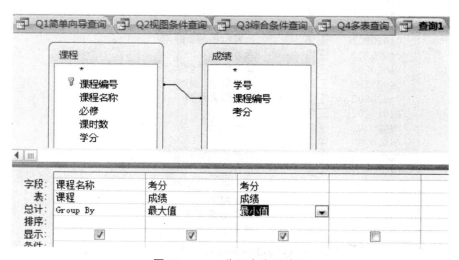

图 29–6   Q5 分组查询设计图

小贴士

常用的总计方式有：Group By 分组、合计求和、平均值、最大值、最小值、计数、Where 条件。

（4）在"文件"下点击"保存"按钮，在"查询名称"中输入"Q5 分组查询"，点击"确定"按钮保存。

（5）单击"设计"，在菜单功能区的"结果"组内选择"运行"，得出运行结果如图 29-7 所示。

课程名称	考分之最大值	考分之最小值
大学英语	85	53
高等数学	81	42
会计学	83	55
计算机基础及	87	57
马克思主义哲	86	46
审计学	80	58
思想道德修养	80	56
体育	81	51

图 29–7   Q5 分组查询运行结果

29.3.3 通过设计视图统计出每个学生的总学分,显示为"学号"、"姓名"和"学分之合计",最终将查询保存为"Q6统计查询"

(1)单击"创建",在菜单功能区的"查询"组内选择"查询设计",打开查询设计界面。

(2)在"显示表"对话框中,利用"添加"按钮将"学生"表、"课程"表和"成绩"表分别添加到查询环境中,表明该查询的数据来源是这3张表。

(3)在"字段"栏的下拉列表中选择"学号"、"姓名"、"学分"和"考分",并在"设计"的菜单功能区的"显示/隐藏"组内选择"汇总",各个字段的总计项设置见表29-2,设置方法如图29-8所示。

表 29-2　Q6统计查询字段设置

类型	字段	表	显示	总计	条件
设置情况	学号	学生		Group BY	
	姓名	学生		Group BY	
	学分	课程		总计	
	考分	成绩	否	Where	>=60

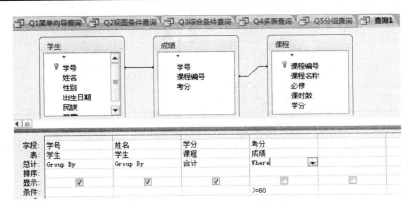

图 29-8　Q6统计查询设计图

(4)在"文件"下点击"保存"按钮,在"查询名称"中输入"Q6统计查询",点击"确定"按钮保存。

(5)单击"设计",在菜单功能区的"结果"组内选择"运行",得出运行结果如图29-9所示。

学号	姓名	学分之合计
04020201	史建平	13
04020202	王炜	13.5
04020203	荣金	7
04020204	齐楠楠	9
04020205	邹仁霞	10
04020206	惠冰竹	13
04020207	闻闰寅	6
04020208	陈洁	16.5
04020209	陈香	13.5
04020210	范燕亮	6

图 29-9　Q6统计查询运行结果

课外练习

该练习包含以下任务,由读者独立完成。

打开"图书管理"数据库,创建以下查询。

(1)利用查询设计器,查询出每位读者借阅的图书信息:"姓名""图书名称"和"借阅数量"。

(2)利用查询设计器,统计出每本书借出的最大数量:"图书名称"和"借阅数量之最大值"。

(3)利用设计视图查询,统计出每位读者所借图书的最终数量:"姓名"和"借阅数量之总计"。

(4)利用设计视图查询,统计出每位读者所借图书的最终价值(借阅数量 * 单价):"学号""姓名""借阅数量之总计"和"借阅总价值"。各字段设置如表 29-3 所示。

表 29-3　查询字段相关设置

类型	字段	表	显示	总计	条件
设置情况	学号	读者		Group BY	
	姓名	读者		Group BY	
	借阅数量	借阅		合计	
	借阅总价值:[借阅数量]*[单价]			合计	

相关说明:1. 冒号":"表示对字段重命名,如"新字段名:表达式";

2."[]"表示对字段的引用,如"[借阅数量]",表示引用"借阅数量"字段名中的数值,数值计算时采用此引用方法。

实验 30 报 表 设 计

30.1 实验目的

掌握如何在数据库中创建报表。

30.2 实验任务和要求

通过报表向导完成报表,并了解分组及统计的意义。

30.3 实验内容及操作步骤

30.3.1 通过报表向导,设计出学生信息报表,其中包含"学号""姓名""课程名称""学分"和"考分",并汇总出总学分、学生的最高分和最低分。最终将报表保存为"R1 学生选课成绩报表"

（1）单击"创建",在菜单功能区的"报表"组内选择"报表向导",打开"报表向导"设计界面,如图 30-1 所示。

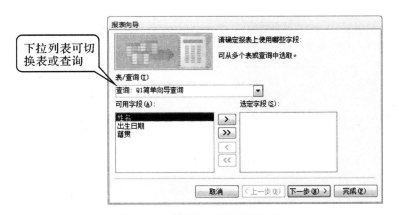

图 30-1 "报表向导"设计界面

（2）通过切换"表 / 查询"将学生表的"学号"和"姓名","课程"表的"课程名称"和"学分"以及成绩表的"考分"字段添加到选定字段中,如图 30-2 所示,点击"下一步"进入到数据查看方式,如图 30-3 所示。

由于报表的输出字段来源于多个表,根据表的内容和结构的不同,其数据输出方式也不一样。

图 30-2　向报表中添加字段

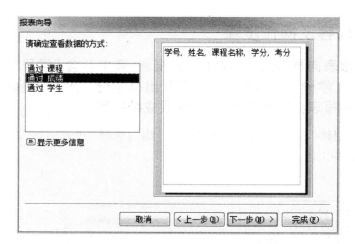

图 30-3　数据查看方式

（3）点击"下一步"进入到数据分组方式，选择以"学号"进行分组，如图 30-4 所示。

图 30-4　报表分组

小贴士

（1）分组指的是将相同类别的合并在一起显示；

（2）分组选项中，可以根据数据类型的不同有多种选择。

文本型：可以按字母从左到右的顺序将几个首写字母分组，如图 30-5 所示；

数字型：可以按 s 进行分组，如 10 s 就表示间隔 10 分组，如 0-9、10-19 等，如图 30-6 所示；

日期型：可以按年、季、月、周、日等进行分组，如图 30-7 所示。

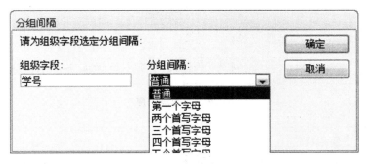

图 30-5　文本型分组间隔

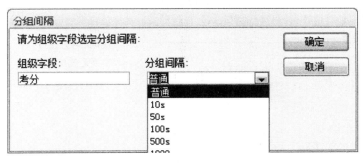

图 30-6　数字型分组间隔

图 30-7　日期型分组间隔

（4）点击"下一步"进入到数据排序，选择以"考分"降序排序，如图 30-8 所示，单击"汇总选项"，选择"学分"的"汇总"，"考分"的"最大"和"最小"，如图 30-9 所示。

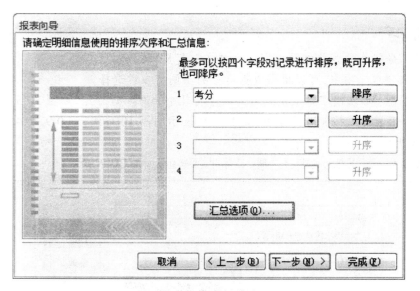

图 30-8　数据排序

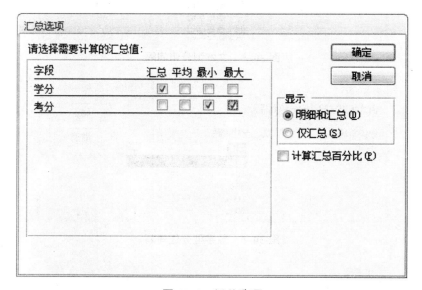

图 30-9　汇总选项

（5）点击"下一步"进入到报表的布局方式,点击"下一步"输入报表的标题"R1 学生选课成绩报表",如图 30-10 所示。

（6）点击"完成",预览报表,如图 30-11 所示。

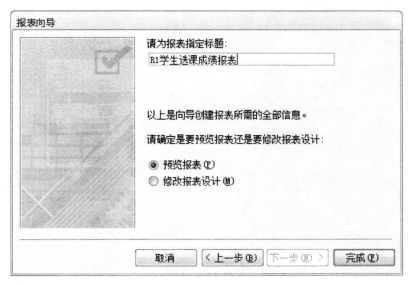

图 30-10　报表标题

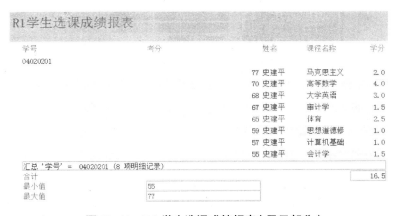

图 30-11　R1 学生选课成绩报表（显示部分）

课外练习

该练习包含以下任务，由读者独立完成。

打开"图书管理"数据库，创建以下报表。

（1）报表中含有"读者编号""读者姓名""图书名称""出版日期"和"借阅数量"。以"出版日期"的年度分组，统计出每年出版的图书借阅的总数量，结果以"图书名称"降序排序。

（2）报表中含有"读者编号""读者姓名""图书名称""单价"和"借阅数量"。数据查看通过"借阅"表，以"读者姓名"分组，统计出每个读者借阅图书的总数量，并计算出每位读者借阅图书的总价值，结果以"图书名称"升序排序。

第七部分
Photoshop 图像处理

　　Photoshop 由美国 Adobe 公司开发,是目前最优秀、应用最广的图像编辑软件。它具有强大的图形图像处理、文字编辑功能以及完善的绘图工具,在平面设计领域得到广泛的应用。

　　在平面设计、网页制作、插画设计、界面设计、3D 动画设计、多媒体制作、排版印刷以及数码照片和图像修复等工作中, Photoshop 在每一个环节中都发挥着不可替代的重要作用。

实验31 Photoshop 基本操作

31.1 实验目的

通过实验掌握 Photoshop 的文件操作以及简单工具的基本操作。

31.2 实验任务和要求

（1）认识 Photoshop 工作环境；
（2）掌握 Photoshop 创建文件的方法；
（3）了解图像的相关基础知识；
（4）了解在 Photoshop 中导入图像的方法；
（5）掌握画笔和填充工具的基本操作。

31.3 实验内容及操作步骤

31.3.1 Photoshop 工作环境

打开 Adobe Photoshop CS5，认识 Photoshop 的工作界面，如图 31-1 所示。

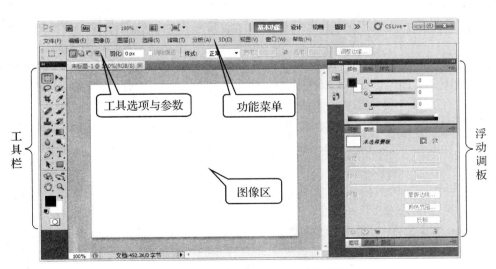

图 31-1 Photoshop CS5 的工作界面

31.3.2 Photoshop 中图像的基本操作

1）新建图像

单击"文件"，在下拉菜单中选择"新建"，弹出"新建"对话框，如图 31-2 所示。

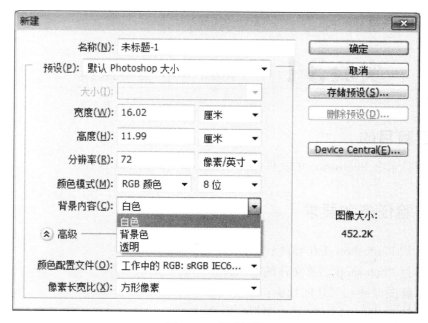

图 31-2　新建图像

小贴士

（1）高度／宽度的度量单位可以更改为像素、英寸等。

（2）颜色模式可以有如下几种选择：

a. RGB 颜色模式：每个像素点的颜色都由红、绿、蓝三种原色组成，每个像素点值可用 RGB（r, g, b）的形式表示，其中 r, g, b 分别表示红、绿、蓝色分量，这里指的是亮度，通常 RGB 颜色有 256 级亮度，取值范围是 0 ～ 255。256 级的 RGB 色彩总共能组合出约 1 678 万种色彩，即 $256 \times 256 \times 256 =$ 16 777 216。通常也被简称为 1 600 万色，也称为 24 位色（2 的 24 次方）。RGB 颜色模式是显示器的物理色彩模式。

b. CMYK 颜色模式：CMYK 是一种印刷模式。Cyan（青）、Magenta（洋红）、Yellow（黄）、Key plate（black）（黑）。CMYK 颜色模式的单位是百分比，相当于油墨的浓度。

c. Lab 颜色模式：Lab 颜色模式使用亮度分量 L、色度分量 a（从绿色到红色）和色度分量 b（从蓝色到黄色）来表示颜色。L 的取值范围是 0 ～ 100，a 和 b 在拾色器面板中的取值范围是 −128 ～ 127。Lab 颜色模式是 Photoshop 图像在不同颜色模式之间转换时使用的中间模式，它在所有颜色模式中色域最宽。Lab 颜色模式与设备无关。

RGB 颜色模式和 CMYK 颜色模式为两种常用模式，视图像用途而定：若图像最终用于计算机显示器显示，则选择 RGB 模式；若图像最终打印成实物，则选择 CMYK 模式，否则会发生色差。此外，Photoshop 还可以编辑灰度、位图等其他颜色模式的图像。

2）图像保存

单击"文件"，选择"存储为"，弹出存储文件对话框，输入文件名，选择文件格式，点击"保存"，如图 31-3 所示。

Photoshop 的文件有如下几种通用格式。

（1）PSD：PSD 格式是 Photoshop 的固有文件格式，它能支持 Photoshop 的全部信息：通道、专色通道、多图层、路径和剪贴路径，它还支持 Photoshop 使用的任何颜色深度和图像模式，以 PSD 格式保存的文件方便以后的编辑修改。

（2）JPG：也叫 JPEG 格式，是一种高效压缩图片文件格式，它是一种最有效、最基本的有损压缩格式，被绝大多数的图形处理软件所支持。JPEG 格式的图像还广泛用于 Web 的制作，但打印的品质效果不太好。

（3）GIF：GIF 图像格式是一种图像交换格式，可以将数张图片合并在一起，达到动画的效果。GIF 是输出图像到网页最常采用的格式。

（4）PNG：PNG 格式是一种无损数据压缩图像文件格式，网站的 logo 图片经常用这种格式。

（5）其余的文件格式还有：TIFF 格式、BMP 格式、EPS 格式、SCT 格式等。

图 31-3　保存图像

3）导入图像

单击"文件"，选择"打开"，选择图片"企鹅"，点击"打开"，如图 31-4 所示。

图 31-4　导入图像

31.3.3　基本工具的使用

1）颜色

在使用简单的绘图工具前，需要先了解颜色的选取。Photoshop 工具栏中下部的两个矩形有色方块分别代表当前选用的前景色和背景色，如图 31-5 所示。

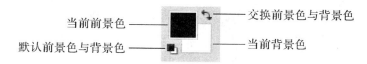

图 31-5　前景色与背景色

2）前景色和背景色

（1）"色板"调板

在 Photoshop 操作界面右侧的"色板"调板中单击色样，选择前景色，按住"Ctrl"键单击色样选择背景色，如图 31-6 所示。

图 31-6　"色板"调板

（2）"颜色"调板

在"颜色"调板中可以通过颜色条、颜色滑块、色彩数值等选择前景色或背景色。"颜色"调板还可通过主菜单中的"窗口"→"颜色"（快捷键"F6"）打开，如图 31-7 所示。

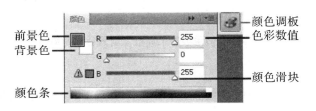

图 31-7　"颜色"调板

（3）拾色器

单击前景色／背景色，弹出"拾色器"设置框，先在颜色滑块中选取大致色系，然后在拾色区域拾取颜色；如果已知颜色参数，亦可在右下角的颜色参数区域输入相应的颜色值来获得需要的颜色，如图 31-8 所示。

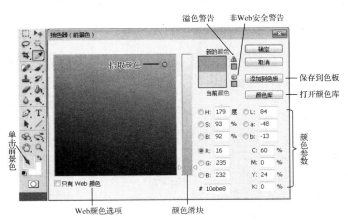

图 31-8　拾色器

（4）"吸管工具"*

图 31-9　吸管工具

使用工具栏中的"吸管工具"可以从现有图像、"色板"调板和"颜色"调板中采集颜色，以指定新的前景色或背景色，如图 31-9 所示。

打开素材文件"配色方案-房子.jpg"，使用"吸管工具"，鼠标左键点击目标色，将目标颜色拾取为前景色；按住"Alt"键用鼠标左键点击目标色，将目标颜色拾取为背景色，如图 31-10 所示。

图 31-10　使用吸管工具拾取前景色和背景色

3）填充工具组

若想大面积填充某种颜色或效果，可以选择填充工具组，其中包含"渐变工具"和"油漆桶工具"，如图 31-11 所示。

图 31-11　填充工具组

在使用填充工具前先新建一个文件，命名为"PS1 基本工具练习"，并进行参数设置，如图 31-12 所示。

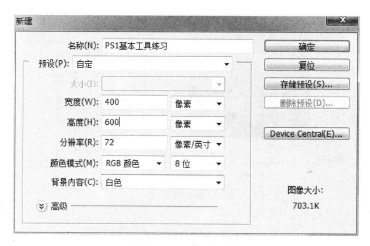

图 31-12　新建文件

为文件添加一个新图层,并将图层命名为"渐变填充练习",操作步骤如下:①点击"图层"面板右下方的"创建新图层"图标,这时会出现一名为"图层1"的新图层;②双击文字"图层1",修改为"填充渐变练习"。使用同样的方法,再新建一个图层,命名为"油漆桶工具练习",如图31-13所示。

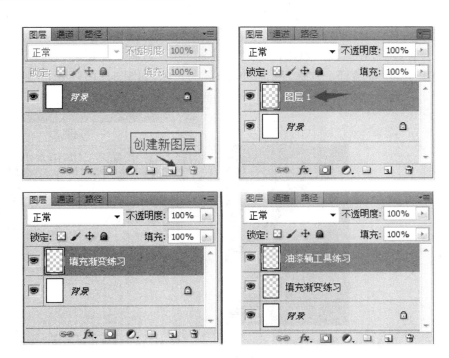

图31-13 新建图层

(1)"渐变工具"

在"图层"面板中单击图层"填充渐变练习"。在工具栏中选择 🔲 渐变工具 G 。在工具选项栏点击渐变编辑器的下拉箭头,选择一种渐变颜色,如第三行第一列的"色谱";选择一种渐变形式,如"线性渐变",如图31-14所示。然后在绘图区按住鼠标向

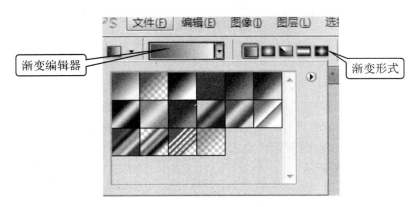

图31-14 选择渐变类型

任意方向拖拉,拖拉时鼠标的轨迹为一直线,鼠标松开后,渐变填充完成,如图 31-15 所示。

（2）"油漆桶工具"

在"图层"面板中选中图层"油漆桶工具练习"。在工具栏中选择"油漆桶工具"。选择"色板"面板中的名为"纯黄"的颜色（鼠标悬停在颜色上可显示颜色名称），设置为前景色,观察左侧工具栏下方的前景色和背景色图标的变化。

颜色设置好后,在绘图区点击鼠标,"油漆桶工具"就将本图层填充为纯黄色,此时"图层"面板中的"油漆桶工具练习"前的缩略图为黄色,如图 31-16 所示。

图 31-15　绘制渐变　　　　　图 31-16　填充完成后图层面板

4）绘图工具组

Photoshop 中提供一组可以自由绘画的工具,常用的是"铅笔工具"和"画笔工具"。"铅笔工具"常用于绘制像素图。"画笔工具"由于可以选择品种繁多的笔触效果,因而应用最广泛,如图 31-17 所示。

图 31-17　绘图工具组

选择"画笔工具"后,在工具选项栏点击"画笔预设"选取器的下拉箭头,可以设置画笔参数。"大小"代表笔尖直径,"硬度"代表笔触边缘的清晰程度;下部有多种笔触效果可以选择,如图 31-18 左图所示。点击图示右侧的右展箭头,可以追加更多种类的笔触效果,如图 31-18 右图所示。

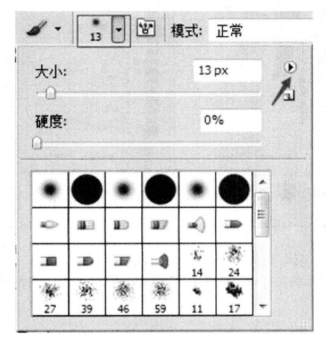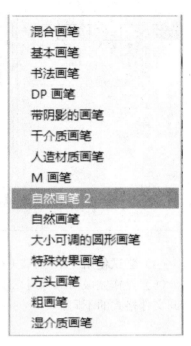

图 31-18 "画笔预设"选取器

使用画笔工具前,新建一个名为"画笔工具练习"的图层,选择恰当的前景色,就可以进行自由绘制了。

图层在 Photoshop 中有着非常重要的地位和作用,不同的对象绘制在不同的图层上,各层中的内容互不影响,操作更为灵活。在 Photoshop 使用中,要养成不同对象分层放置和编辑的习惯,下一部分将详细介绍图层的应用。

课外练习

该练习包含以下任务,由读者独立完成。

(1)根据自己手机屏幕大小,新建一个文件,命名为"手机壁纸"。(例如:480*720像素、分辨率 72 像素 / 英寸、RGB 颜色模式、白色背景。)

(2)打开素材中的图片"配色方案 - 房子",练习使用吸管工具拾取颜色,观察前景色 / 背景色的变化,并用指定颜色(最后一个色块)填充。

(3)使用画笔工具,追加"混合画笔"的笔触效果,选择"雪花"的笔尖形状,设置画笔参数,在新建图层中绘制大小不同的雪花。(参数设置可参考下图)

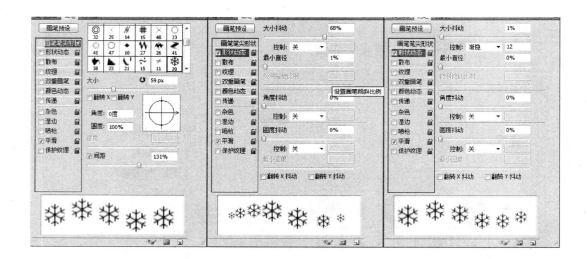

（4）尝试使用文字工具。（参考字体：时尚中黑简体，72 点，蓝色）

（5）操作完成后保存为"31 课后练习 .psd"，并另存为"31 课后练习 .jpg"，思考两种不同文件格式的不同。

实验 **32**　Photoshop 图层应用

32.1　实验目的

通过实验掌握 Photoshop 图层的概念和操作。

32.2　知识要点

图层

　　图层是 Photoshop 图像处理的基础,使用图层可以简化复杂的图像处理操作。由于复杂图像元素较多,进行局部修改时会影响图像的整体效果,如果把这些元素分开并置于不同的层进行操作,就简单多了。

　　图层就像是一张张层叠起来的透明纸。将图像的各部分绘制在不同的图层上,不论在同一图层上如何修改,都不会影响到其他图层中的图像,也就是说每个图层可以进行独立的编辑或修改。Photoshop 提供了多种图层混合模式和图层样式,可以将两个图层的图像通过各种形式很好地融合在一起,并且呈现多种特殊效果。

32.3　实验任务和要求

　　(1) 掌握 Photoshop 图层的建立;
　　(2) 熟练掌握图层的基本操作;
　　(3) 掌握图层混合模式及图层样式;
　　(4) 学会使用图层拼合图像。

32.4　实验内容及操作步骤

　　利用三个素材文件"埃菲尔铁塔 . jpg"、"法国国旗 . jpg"和"巴黎 logo.psd",通过对图层的各种操作,完成如图 32-1 所示的效果图。

32.4.1　通过拷贝添加图层

　　打开 Photoshop CS5,新建名为"法国海报"的文件,要求:宽度 500 像素,高度 700 像素,分辨率 72 像素 / 英寸,颜色模式 RGB 颜色(8位),白色背景,如图 32-2 所示。

图 32-1　最终效果图

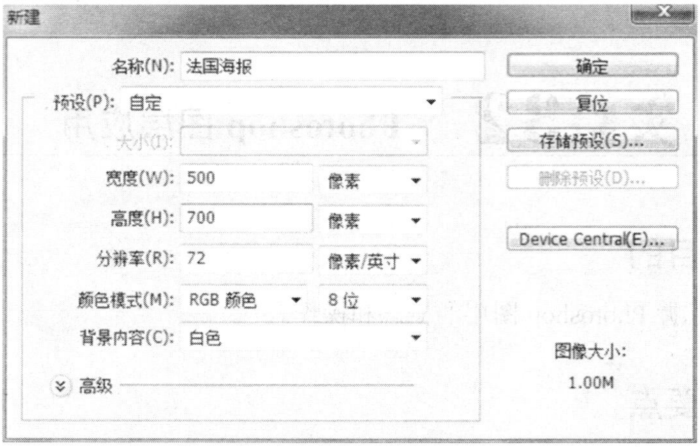

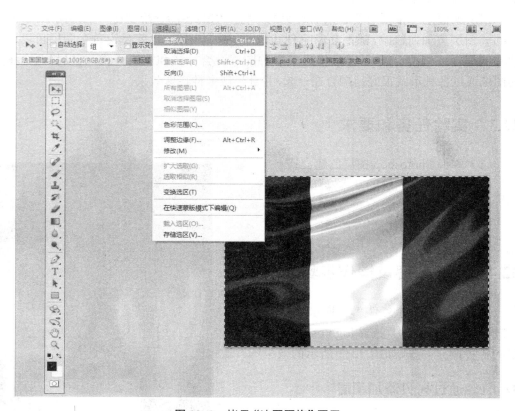

图 32-2　新建"法国海报"

i. 打开素材文件中的"法国国旗.jpg"，单击菜单"选择"→"全部"，如图 32-3 所示，整个国旗被选中；单击菜单"编辑"→"拷贝"，完成对国旗图层的复制。

图 32-3　拷贝"法国国旗"图层

ii. 切换到上一步中已建好的"法国海报"文档，单击菜单"编辑"→"粘贴"，国旗图像就被粘贴到新建的"图层 1"正中位置，如图 32-4 所示。

iii. 修改图层名称：双击文字"图层 1"，将图层名称修改为"法国国旗"，如图 32-5 所

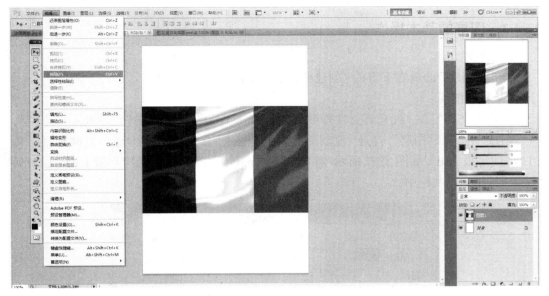

图 32-4　添加图层

示；或者鼠标右键点击"图层 1"，选择"图层属性"，在"图层属性"对话框中将该图层的名称修改为"法国国旗"，如图 32-6 所示。

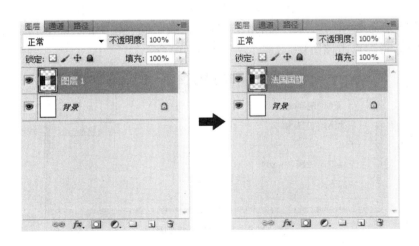

图 32-5　修改图层名称

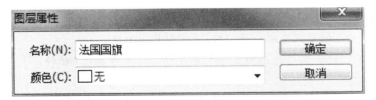

图 32-6　修改图层属性

32.4.2 图层的基本操作

1）新建图层

点击"图层"面板右下方的"创建新图层" 图标。

2）复制图层

（a）跨文档复制：打开素材文件中的"巴黎 logo.psd"，选中图层"巴黎 logo"，选择菜单"图层"→"复制图层"，打开"复制图层"对话框，图层名保持不变，选择复制到目标文档"法国海报 .psd"，如图 32-7 所示，将"巴黎 logo.psd"文件中的图层"巴黎 logo"复制到"法国海报 .psd"文档中。

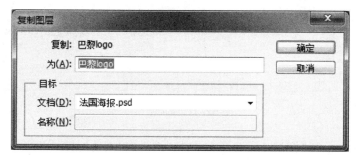

图 32-7　跨文档复制图层

（b）同文档中复制：在"法国海报"文档右侧"图层"面板中，选中图层"巴黎 logo"，执行菜单命令"图层"→"复制图层"，即完成了同文档中的复制，如图 32-8 所示。亦可使用鼠标右键点击该图层，选择"复制图层"命令。

图 32-8　同文档内复制图层

小贴士

同文档中复制图层的快捷操作还有以下两种：

1. 按住"Alt"键并用鼠标拖动图层，可实现复制图层；

2. 将需要复制的图层拖动到图层面板下方的"新建图层"快捷按钮上实现复制图层。

使用以上方法完成复制，并重命名为"巴黎 logo 3"、"巴黎 logo 4"、"巴黎 logo 5"。

3）设置"图层属性"*

选中图层"巴黎 logo 2"，执行菜单"图层"→"图层属性"，将图层标注色设为"红色",如图 32-9 所示；右键点击图层"巴黎 logo 3",单击"图层属性",将图层标注颜色设为"蓝色"；图层"巴黎 logo 4"的图层标注颜色设为"黄色"。

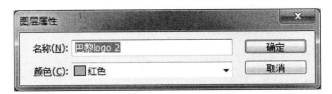

图 32-9　图层颜色标识

4）隐藏图层

选中"巴黎 logo 3",在图层中点击 图标,眼睛图标消失,则表示图层不可见,如图 32-10 所示,反之可见。

5）删除图层

如果需要删除图层,则单击选中该图层,点击"图层"面板右下角的垃圾桶图标；也可直接按住鼠标左键,将该图层拖拽到垃圾桶图标上,完成删除,如图 32-11 所示。

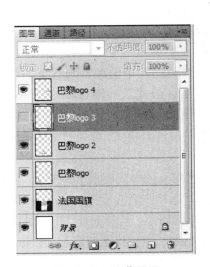

图 32-10　隐藏图层

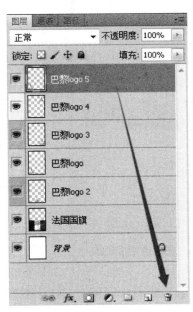

图 32-11　删除图层

32.4.3　图层的编辑

1）移动图层中的图像

复制到图层中的图像的位置可通过"移动工具"进行调整。

（a）在"图层"面板中选中图层"法国国旗",在工具栏中选择"移动工具",将国旗图像移动到底部。拖拽鼠标可大范围移动图像,使用键盘的方向键可以完成精确移动。

（b）同一图像复制多次时,默认放在不同图层的同一位置,在"图层"面板中选中不同的图层,如图 32-12 左图所示,使用"移动工具",移动该图层上的"巴黎 logo"图像,最终效果如图 32-12 右图所示。

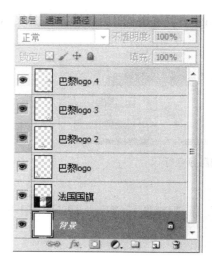

图 32-12　移动图层中的图像

图 32-13　图层透明度设置

2）设置图层透明度

选中"巴黎 logo 2"图层，在"不透明度"中调整进度条，将"不透明度"设置为 50%，如图 32-13 所示。

3）设置图层混合模式

图层混合模式是 Photoshop 的核心功能之一，也是在图像处理中最为常用的一种技术手段。图层混合模式是将当前图层中的像素与其下面图层中的像素以不同的运算公式进行混合，目前 Photoshop CS5 中有 30 种图层混合模式。因此，对同样的两幅图像，设置不同的图层混合模式，得到的图像效果也是不同的。

选中"巴黎 logo 3"图层，在"图层"面板的下拉菜单中选择"正片叠底"，如图 32-14（a）所示；使用同样的方法，将图层"巴黎 logo 4"的图层混合模式设为"差值"，如图 32-14（b）所示，观察图像的变化。尝试移动图层"巴黎 logo 4"，观察图像的变化。由此发现，在同一图层混合模式下，用不同的像素进行运算，效果也不同，如图 32-14（c）所示。

4）添加图层样式

通过设置图层样式 f_x，可为图层中对象边缘设置多种图层效果。在"图层"面板中选择"巴黎 logo 2"，点击"图层"面板下面的图层样式按钮 f_x，为该图层设置"投影"的图层样式，参数如图 32-15 所示。

5）更改图层次序

打开素材文件中的"埃菲尔铁塔 .jpg"，并将其复制到文档"法国海报 .psd"中，图层名称改为"埃菲尔铁塔"，如图 32-16 所示。按住鼠标左键拖动图层，使其上下次序发生改变，如图 32-17 所示，观察图像的变化。

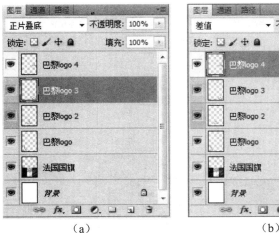

（a）　　　　　　　　　（b）　　　　　　　　（c）

图 32-14　图层混合模式设置

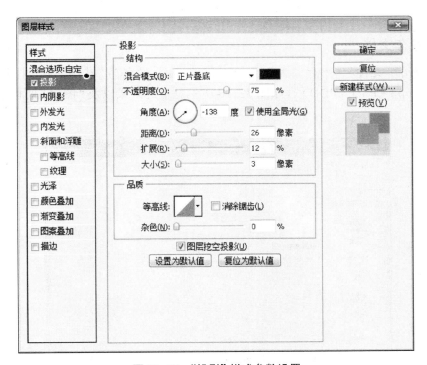

图 32-15　"投影"样式参数设置

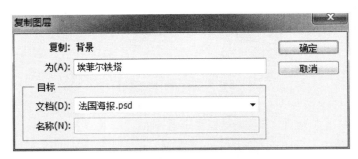

图 32-16　添加"埃菲尔铁塔"图层

图 32-17　改变图层次序

32.4.4　保存文档

执行菜单"文件"→"存储为",选择存储路径,文件名为"法国海报 - 图层",格式为"Photoshop（*.PSD;*.PDD）",如图 32-18 所示。最终效果以及"图层"面板设置如图 32-19 所示。

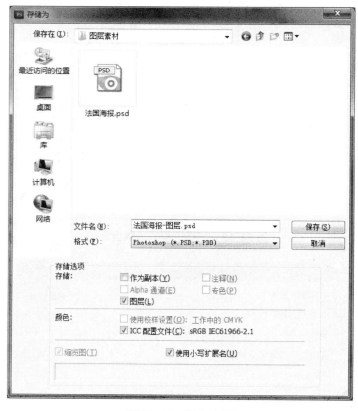

图 32-18　保存文档

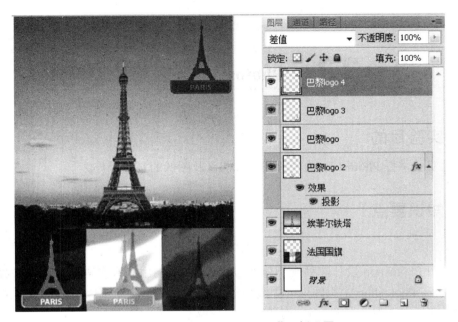

图 32-19　最终效果及"图层"面板设置

实验33 Photoshop 选区及图像编辑

33.1 实验目的

通过实验掌握 Photoshop 选区的获取方法以及图像的基本操作。

33.2 知识要点

选区

在使用 Photoshop 设计和处理图像的过程中,我们会用到许多需要进行图像处理的特定区域,在 Photoshop 中用闪烁的虚线(蚁行线)表示选区的范围。选区可以让编辑操作和滤镜效果在选取范围内生效,而选区外的图像不受影响。

选区是进行图像处理工作的第一步,也是最重要的一步。没有正确的选区就没有对图像的各种操作和处理。

获得选区的方法很多,可以使用选框工具组、套索工具组、魔棒工具组、色彩选择等;获得的选区也可以进一步调整,如移动选区、反选选区、羽化选区、扩大/缩小选区等;选区范围更精细复杂的,可以综合使用路径、通道、图层等方法获取和存储选区。因此,如何获得精细准确的选区也是衡量图像处理水平的一个指标。

33.3 实验任务和要求

(1)掌握 Photoshop 选区的建立;
(2)了解选区的多种获取方法;
(3)掌握选区的编辑;
(4)掌握图像的基本编辑。

33.4 实验内容及操作步骤

33.4.1 建立选区

1)建立矩形选区

i. 打开 Adobe Photoshop CS5,打开素材文件中的"选区 .jpg"。

ii. 长按工具栏中的"矩形选框工具" 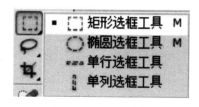,选择"矩形选框工具",如图 33-1 所示,鼠标变成"+"的形状,在选定图层的图像编辑区内拖动鼠标即可。

图 33-1 矩形选框

iii. 被闪烁的虚线（蚁行线）框选的为选区内容，如图 33-2 所示。

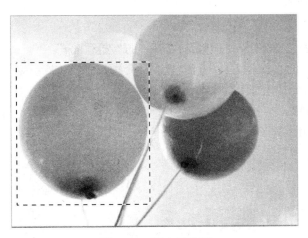

图 33-2　正方形选区

小贴士

按住"Shift"键的同时拖动鼠标，可以实现正方形的选区。

2）建立椭圆形选区

选择"椭圆选框工具"，鼠标变成"+"形状，图像编辑区内拖动鼠标即可，如图 33-3 所示。

图 33-3　椭圆选框

小贴士

按住"Shift"键的同时拖动鼠标，可以实现圆形的选区。

33.4.2　不规则选区

1）手绘选区 *

i. 打开 Adobe Photoshop CS5，打开素材文件中的"选区 .jpg"。

ii. 长按工具栏的"套索工具" ，选择"套索工具"，如图 33-4 所示，鼠标变成套索形状，在图像编辑区内沿着需要选择的区域拖动鼠标。

图 33-4　套索工具

iii. 选区内容如图 33-5 所示。

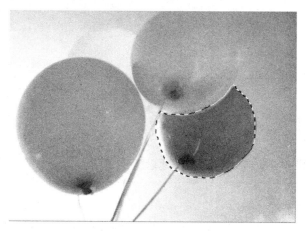

图 33-5　手绘选区

这种选区方式对于不规则的图形很有效，缺点就是不太好控制鼠标进行精准选择。

2）多边形选区

选择"多边形套索工具"，鼠标变成多边形套索形状，在图像编辑区内沿着需要选择的区域附近连续单击，形成封闭区域后双击，建立选区，如图 33-6 所示。

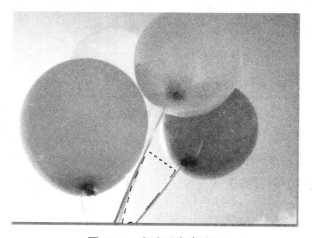

图 33-6　多边形套索选区

3）选择轮廓分明的区域

选择"磁性套索工具",鼠标变成磁性套索形状,在图像编辑区内沿着需要选择的区域附近移动后,双击建立选区,如图 33-7 所示。

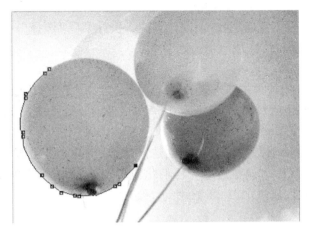

图 33-7　磁性套索选区

33.4.3　使用"快速选择工具"获得选区

"快速选择工具"是从 Photoshop CS3 开始增加的一个工具,它可以通过调整画笔的笔触、硬度和间距等参数,单击或拖动鼠标快速创建选区。拖动时,选区会向外扩展并自动查找和跟随图像中定义的边缘。它是一个非常好用,而且操作简单的选取工具。使用时可以通过"添加到选区"和"从选区减去"以及设置"画笔"获得精确选区,如图 33-8 所示。

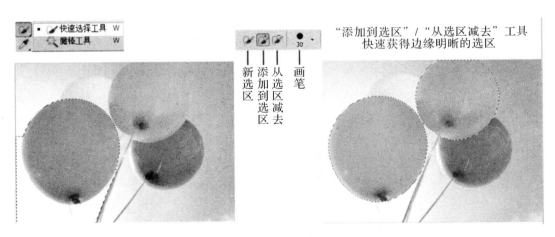

图 33-8　快速选择工具

33.4.4　选区基本操作

1）移动选区

按住鼠标左键,移动选择框即可移动选择区。

2）反选选区

单击菜单"选择"，在下拉菜单中选择"反向"，则选择图像中未被选中的部分，取消已有选区。

3）取消选区

在选取过程中，若需重新选择或者取消选区，执行菜单"选择"→"取消选择"。亦可使用键盘快捷键"Crtl+D"完成取消。

4）羽化选区 *

羽化就是通过向内或外扩散选区的轮廓，从而达到模糊和虚化边缘的目的。可在"调整边缘"框中设置羽化值，其取值范围为 0 ～ 250（像素），数值越大，选区边缘虚化的效果越明显。

使用"矩形选择工具"在图像中建立选区，默认羽化值为 0 像素，如图 33-9 所示。执行菜单命令"选择"→"调整边缘"，将羽化值设置为 80，点击"视图模式"下拉箭头，在列表中选择"背景图层"，如图 33-10 所示，效果如图 33-11 所示。

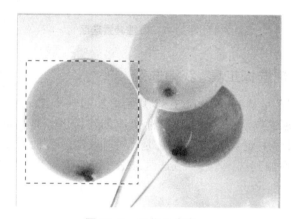

图 33-9　羽化 0 像素

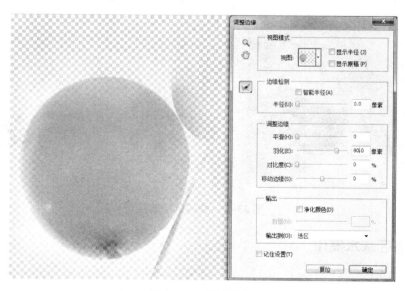

图 33-10　羽化选区

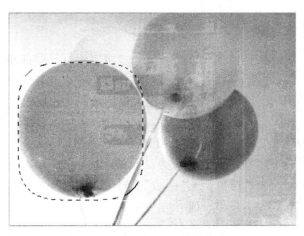

图 33-11 羽化 80 像素后的效果

5）视图模式 *

　　右击选区，选择"调整边缘"，则出现"调整边缘"对话框，在"视图模式"框中选择"白底"，如图 33-12 所示，观看图片的变化。

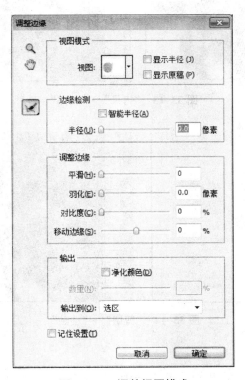

图 33-12 调整视图模式

　　视图模式共有 7 种模式，它为用户在不同的图像背景和色彩环境下编辑图像提供了视觉上的方便。

33.4.5 图像的基本编辑

以上各种方法帮助我们建立好了选区,下一步可以进行一些简单的图像编辑。

Photoshop 中的"拷贝"、"粘贴"、"剪切"等命令与在其他应用程序中的不同之处在于——这些命令不仅可以应用于整个图片,也可以用于图片中的选定区域。

1)拷贝

i. 新建一个名为"拷贝练习"的文件,填充任意背景色。

ii. 打开素材文件中的"花.jpg",任意方法确定选区。

iii. 分别使用"编辑"→"拷贝"→"粘贴"命令和"编辑"→"剪切"→"粘贴"命令,观察图像的变化,如图 33-13、图 33-14 所示。

图 33-13 "拷贝"→"粘贴"

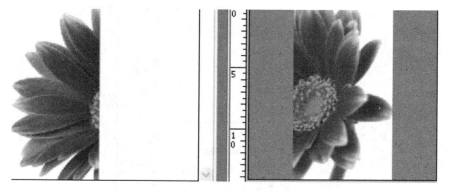

图 33-14 "剪切"→"粘贴"

2)粘贴

粘贴是将选取的图像粘贴到当前文档中。当前文档中图像的形状由被选图像中的选区决定,图像默认被粘贴在当前文档的中间位置。

打开素材文件中的"薰衣草.jpg"、"巴黎铁塔.jpg"。在"薰衣草.jpg"中使用"椭圆选框工具",选取正圆形选区(按住"Shift"键时拖动鼠标左键),单击"编辑"→"拷贝",在"巴黎铁塔.jpg"中使用"编辑"→"粘贴"命令,并将该新图层重命名为"粘贴图像",如图 33-15 左列所示。

3）选择性粘贴 *

（1）原位粘贴：将拷贝的图像按照原位置粘贴。

隐藏"巴黎铁塔.jpg"文件中的"粘贴图像"图层。在"薰衣草.jpg"中对圆形选区重复"编辑"→"拷贝"的操作，选中"巴黎铁塔.jpg"的背景图层，执行"编辑"→"选择性粘贴"→"原位粘贴"，并将该新图层重命名为"原位粘贴图像"，如图33-15右列所示。

"拷贝"→"粘贴"   "拷贝"→"选择性粘贴"→"原位粘贴"

图33-15 粘贴和原位粘贴

（2）贴入：在目标文件中确定选区的形状，将拷贝的图像粘贴在此选区中。

隐藏"巴黎铁塔.jpg"文件中的"原位粘贴图像"图层。在"薰衣草.jpg"中对圆形选区重复"编辑"→"拷贝"的操作，选中"巴黎铁塔.jpg"的背景图层，使用"矩形选框工具"绘制一个正方形选区（按住"Shift"键的同时左击鼠标拖动，该正方形选区略小于圆形选区），执行"编辑"→"选择性粘贴"→"贴入"，并将新图层重命名为"贴入图像"，如图33-16左列所示。

（3）外部粘贴：在目标文件中确定选区的形状，与贴入相反，外部粘贴是将复制的图像粘贴在选区以外。类似于获得了两个选区图像相减的图像。

隐藏"巴黎铁塔.jpg"文件中的"贴入图像"图层。在"薰衣草.jpg"中对圆形选区重复"编辑"→"拷贝"的操作，选中"巴黎铁塔.jpg"的背景图层，使用"矩形选框工具"绘制一个正方形选区，依次执行"编辑"→"选择性粘贴"→"外部粘贴"，并将新图层重命名为"外部粘贴图像"，如图33-16右列所示。

"拷贝"→"选择性粘贴"→"贴入"　　　"拷贝"→"选择性粘贴"→"外部粘贴"

图33-16　贴入和外部粘贴

粘贴小结：对比四种不同的粘贴方式，表33-1给出了完成粘贴后图层位置以及图层形状的对比。

表33-1　粘贴小结

方式	粘贴	原位粘贴	贴入	外部粘贴
图层位置	目标图像中心	保持选区在原图像中的相对位置	目标图像的选区之内	目标图像的选区之外
图层形状	原图像中选区的形状	原图像中选区的形状	目标图像中选区的形状	原图像选区减目标图像选区

4）图像的变形

处理图像或绘图时，常常需要调整图像的大小、角度，或者对图像进行斜切、扭曲、透视、翻转和变形等单个项目处理。

（1）变换

选择需要变换的图层后，执行"编辑"→"变换"，可以选择展开的子菜单进行变换。

i. 分别打开素材文件"巴黎铁塔.jpg"、"薰衣草.jpg"。在"薰衣草.jpg"中执行"选择"→"全部"，将其拷贝到"巴黎铁塔.jpg"中。

ii. 在"图层"面板中选中薰衣草图层，执行"编辑"→"变换"→"缩放"，拖拽控制柄，使得上下图片一样大，点击选项栏中的"进行变换"按钮✓完成变换。（按住"Shift"键时拖拉，可保持原图比例。）

iii. 选中薰衣草图层，执行"编辑"→"变换"→"变形"，向左上方拖拽右下角的控制点，获得如图33-17所示的掀角效果。为使效果更逼真，可执行"图层"→"图层样式"→"投影"为该图层添加图层样式，参数可参考图33-17右图。

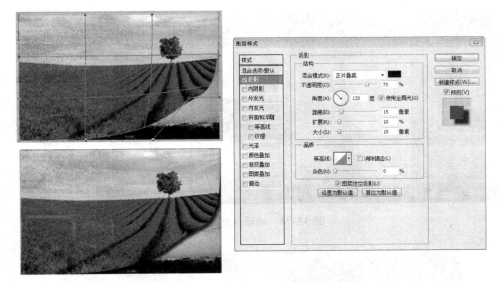

图 33-17   变形 - 掀角效果

（2）自由变换

选取需要变换的图像，执行"编辑"→"自由变换"命令，或者用"Crtl+T"快捷键，在图像四周会出现自由变换控制框，此时可同时进行缩放、倾斜、翻转等变换处理。

小贴士

1. 保持原比例缩放：按住"Shift"键同时拖拉鼠标。
2. 还原上一步操作："Ctrl+Z"快捷键。
3. 执行变换：按下"Enter"键或者使用选项栏中的"进行变换"按钮 ✔。
4. 取消变换：按下"Esc"或者使用选项栏中的"取消变换"按钮 ◎ 。

课外练习

该练习包含以下任务，由读者独立完成。

1. 选中图层"外部贴入图像"，选中左侧缩略图，如图 33-18 所示，使用移动工具，移动图层的相对位置；再选中右侧缩略图，使用移动工具，移动矩形选区的相对位置，观察图像的变化，进一步理解选择性粘贴的原理。同理，尝试用同样方法编辑"贴入图像"图层。

2. 思考与练习：使用前面的方法获得如图 33-19 所示的效果，保存为"练习 - 选区 .psd"。

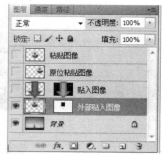

图 33-18　编辑外部贴入

图 33-19　思考与练习

实验34 Photoshop 文字工具

34.1 实验目的

通过实验掌握 Photoshop 的文字编辑。

34.2 实验任务和要求

（1）掌握 Photoshop 的文字工具；
（2）掌握点文字和段落文字；
（3）掌握文字的编辑方式；
（4）掌握特殊形态文字的编辑。

34.3 实验内容及操作步骤

34.3.1 添加文字

由于添加文字所使用的方法不同，输入的文字分为点文字和段落文字。

（1）点文字：在图像中输入单独的文本行（如标题文本），行的长度随着编辑增加或缩短，但不换行。

（2）段落文字：以一个或多个段落的形式输入文字，输入时会根据定界框的宽度自动换行。段落文字可以对段落进行格式编辑，如缩进、行距、段前/段后距等。

34.3.2 添加点文字

ⅰ. 打开 Adobe Photoshop CS5，打开素材文件中的"文字编辑 .jpg"。

ⅱ. 长按工具栏的 T，选择"横排文字工具"，如图 34-1 所示，在图像区域内确定输入位置后，单击鼠标左键，此时闪动的光标显示的即为文字的起始位置，光标的长度代表文字的大小。

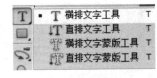

图 34-1　文字工具

ⅲ. 在"文字工具"工具栏中可以设置字体、字号、消除锯齿方法、对齐方式以及字体颜色等各项参数。这里进行如下设置：字体"微软雅黑"，字形"Regular"，字体大小"36 点"，消除锯齿方法"平滑"，颜色"红色"，对齐方式"左对齐"，如图 34-2 所示。

ⅳ. 输入文字内容"PARIS"。单击选项栏中的"提交所有当前编辑"按钮 ☑ 可以完成输入。如果单击"取消所有当前编辑"按钮 ◯，则取消输入操作。

ⅴ. 观察图层面板，Photoshop 自动新建了一个名为"PARIS"的图层，缩略图以"T"作为标识，表示图层是文字图层，如图 34-3 所示。

图 34-2　设置文字

T　PARIS

图 34-3　文字图层

vi. 选中点文字后,也可以通过"字符"面板进行编辑,执行"窗口"→"字符"命令,如图 34-4 所示。

图 34-4　字符面板参数

34.3.3　添加段落文字

图 34-5　段落文字

i. 长按工具栏中的 T ,选择"横排文字工具"按钮。

ii. 在"文字工具"工具栏中设置字体、字号、消除锯齿方法、对齐方式以及字体颜色等各项参数。

iii. 用鼠标在想要输入文本的图像区域内沿对角线方向拖拽出一个文本定界框。

iv. 在文本定界框内输入文本"TEXT-transformation"很多次,段落的文字内容会自动换行,如需分段,按"Enter"键就可以换行输入。

v. 段落文字可以根据需要自由调整定界框大小,使文字在调整后的矩形框中重新排列,如图 34-5 所示。

34.3.4 文字的编辑

（1）基本编辑：在 Photoshop 中，不管输入点文字还是段落文字，都可以使用文字工具选项来指定字体、字形、字号、颜色、对齐方式等，如图 34-6 所示。改变字体、字号、颜色等参数，可以选中该图层后，使用鼠标选中需要修改的文字，进行再次编辑。

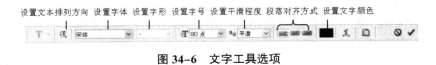

图34-6　文字工具选项

（2）格式编辑 *：通过使用"字符"面板、"段落"面板，可以调整字距微调、字距调整、基线移动及其他字符属性。用户可以在输入字符之前就将文字属性设置好，也可以对文字图层中选中的字符重新设置属性，更改它们的外观，如图 34-7 所示。

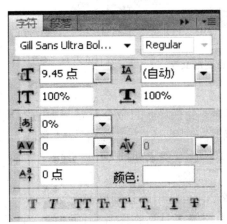
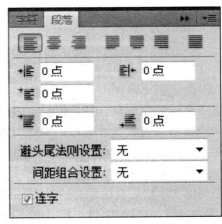

图34-7　格式编辑

（3）如果需要采用变形文字，点击"创建文字变形"按钮 ，打开"变形文字"对话框，如图 34-8 所示。

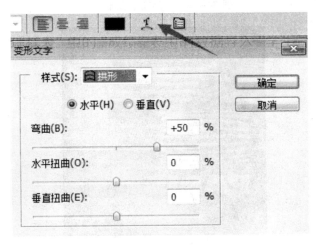

图34-8　变形文字

如果需要更改文字方向,点击"切换文本取向"按钮 (或点击菜单"图层"→"文字",选择"水平"或"垂直"),则可以将文字横排和竖排交换。

34.3.5　特殊形态的文字

（1）自由调整

i. 选中文字。

ii. 按住"Ctrl"键,文字外边就会出现一个控制框,通过拖动控制框上的控制点即可调整文字外形,包括缩放、倾斜及旋转文字,如图 34-9 所示。

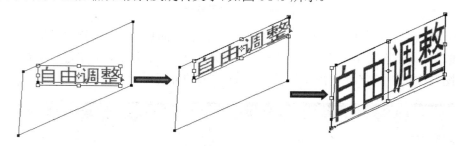

图 34-9　自由变形文字

（2）段落文字变形

段落文字输入完成后,可以使用"编辑"→"变换"下的命令对定界框进行旋转、缩放和斜切等操作来完成基本变形。使用"编辑"→"变换"→"变形"→"鱼眼",可以获得段落文字的特殊变形的效果,设置如图 34-10 所示,效果如图 34-11 所示。

（3）路径上的文字 *

若想获得文字沿着自由弯曲的线条书写效果,可使用路径辅助。

i. 使用工具栏中钢笔工具组 中的"自由钢笔工具",在图片上画一任意曲线,如图 34-12 所示。

图 34-10　段落文字变形

图 34-11　段落文字变换

图 34-12　设置文字路径

ii. 选择文字工具，在曲线上点击，并输入文字，如图 34-13 所示。

图 34-13　添加路径上的文字

课外练习

该练习包含以下任务，由读者独立完成。

打开实验 32 中完成的"法国海报 .psd"，添加文字，选择恰当的字形添加学号等文字。

第八部分
Microsoft Office 高级应用

该部分介绍 Microsoft Office 高级应用，主要介绍办公绘图软件 Microsoft Visio 2010 和笔记软件 Microsoft OneNote 2010。

Visio 是世界上最优秀的商业绘图软件之一，它可以帮助用户创建业务流程图、软件流程图、数据库模型图和平面布置图等。Microsoft Visio 2010 提供了各种模板：业务流程的流程图、网络图、工作流图、数据库模型图和软件图，这些模板可用于可视简化业务流程、跟踪项目和资源、绘制组织结构图、映射网络、绘制建筑地图以及优化系统。

OneNote 是微软出品的一款笔记软件，它通常附着在 Microsoft Office 软件套装中，可以在 Windows Phone、iOS 和 Android 手机，以及基于浏览器的 OneNote Web App 中使用。

第八部分

Microsoft Office 应用

实验**35** Microsoft Visio 2010 绘图应用 *

35.1　实验目的

通过实验了解 Visio 绘图应用。

35.2　实验任务和要求

通过 Visio 编制一个 WAP 认证用户手机号码的流程图。

35.3　实验内容及操作步骤

35.3.1　Visio 工作环境

打开 Microsoft Visio 2010，认识 Visio 的工作界面，如图 35-1 所示。

图 35-1　Visio 开始界面

35.3.2　在 Visio 中绘制一个 WAP 认证用户手机号码流程图

（1）使用 Visio 的基本流程图

在开始界面中，选择"基本流程图"，点击"创建"按钮后进入基本流程图编辑界面，如图 35-2 所示。

（2）流程图保存

单击"文件"，选择"保存"，弹出存储文件对话框，输入文件名"WAP 认证"，文件类型为 VSD。

（3）绘制流程图

i. 在"基本流程图形状"中按住"开始 / 结束"形状，将该控件拖动到编辑区域中，如图 35-3 所示。

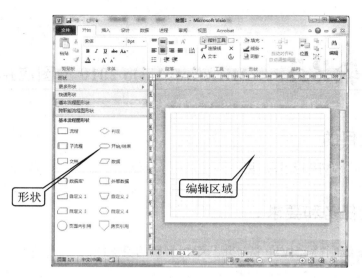

图 35-2　基本流程图编辑界面

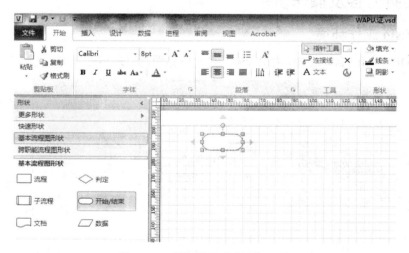

图 35-3　向编辑区域中添加形状

按住形状的控制点，可以调整形状的大小。

ii. 添加文字说明。

双击"开始/结束"形状，输入文本"开始"，如图 35-4 所示。

图 35-4　添加文字说明

iii. 添加"流程"形状,并用连接线连接。

按住"流程"形状,拖动到编辑区域中,并添加文字"手机号码验证"。点击"开始"选项卡,在菜单功能区"工具"组中选择"连接线",将"开始"和"手机号码验证"连接起来,如图 35-5 所示。

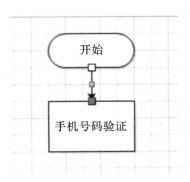

图 35-5　形状连接

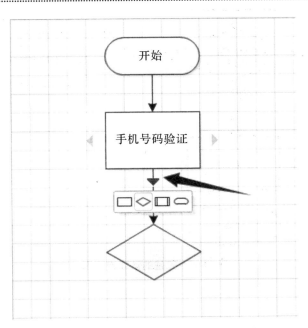

图 35-6　快速创建形状

（4）重复以上步骤，绘制出如下流程图，如图 35-7 所示，个别控件需要调整。

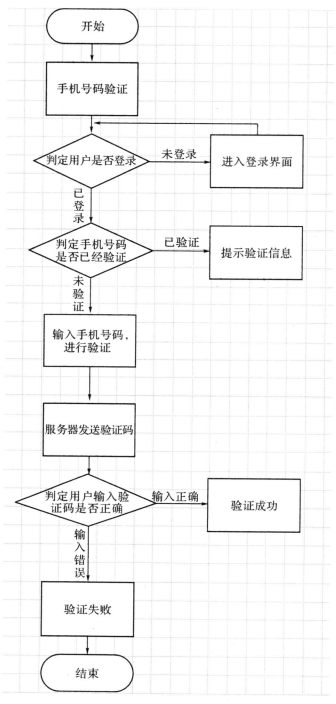

图 35-7　完整的认证流程图

课外练习

该练习包含以下任务,由读者独立完成。

1. 新建一跨职能流程图。功能:秘书编写公文由办公室副主任审核,通过后再交由主任审核,任何不通过的审核都提交到前一个审核人。所以将基本的流程图中的相关图形拖入这个泳道图中,并按业务流程进行处理后,可以得到最终图样如下:

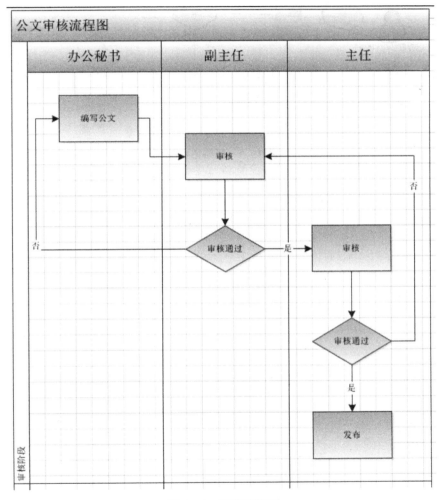

图 35-8　职能流程图

右击形状,在"格式"的扩展菜单中选择"填充",可以实现对形状填充颜色。

2. 绘制简易网络拓扑图，如图 35-9 所示

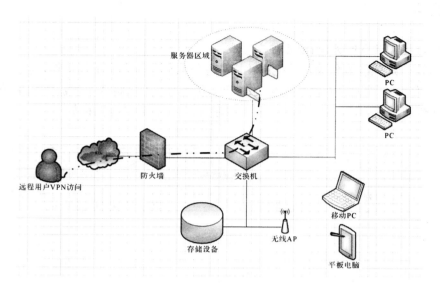

图 35-9　网络拓扑图

实验36　OneNote 笔记软件应用 *

36.1　实验目的

通过实验了解 OneNote 笔记软件的应用。

36.2　实验任务和要求

通过 OneNote 了解如何使用笔记软件。

36.3　实验内容及操作步骤

36.3.1　OneNote 工作环境

打开 OneNote 2010,认识 OneNote 的工作界面,单击"文件"→"新建",如图 36-1 所示,在"1. 将笔记本存储在以下位置:"中选择"我的电脑",在"2. 名称:"中输入文件名称"个人笔记本",在"3. 位置:"中选择具体存放路径,单击"创建笔记本"创建笔记本。

图 36-1　OneNote 开始界面

36.3.2　在 OneNote 中完成笔记本记事

（1）规划多个分区

i. 新建记事本后，笔记本默认会创建一个"新分区 1"的分区，右击"新分区 1"，选择"重命名"，如图 36-2 所示，更改分区名称为"计算机基础"。

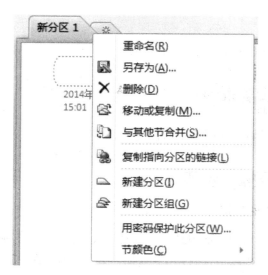

图 36-2　更改分区名称

ii. 点击 ※ 可以增加一个新分区，并重命名为"C++ 程序设计"，如图 36-3 所示。

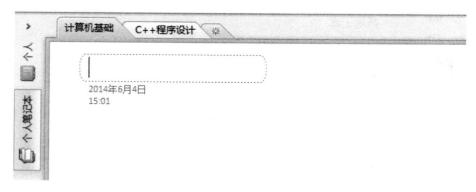

图 36-3　添加新分区

（2）设置分区标题

在"计算机基础"分区中，将分区标题设置为"计算机基础"，如图 36-4 所示。

（3）在"计算机基础"中添加笔记

i. 点击编辑框除标题外的任意区域，可以输入笔记内容。如"Word 格式设计"、"Word 图片设计"等，如图 36-5 所示。

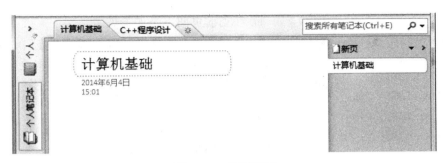

图 36-4　设置标题

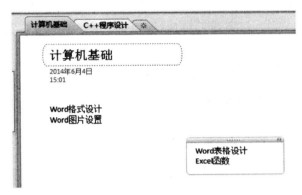

图 36-5　添加笔记内容

小贴士

在添加笔记时,会出现白色方框,当鼠标离开后,方框会消失。

ii. 标记记事类型。

选中"Word 格式设计",单击"开始"菜单,在"标记"组中点击"重要",则将该记事标记为重要记事,如图 36-6 所示。

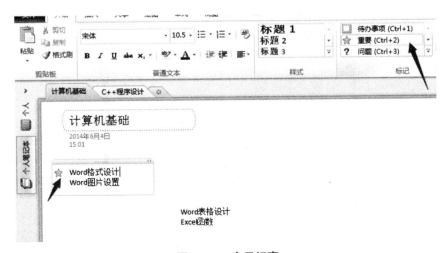

图 36-6　表示记事

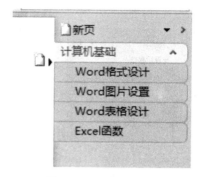

图 36-7　添加子页面

iii. 在当前页面下添加子页面。

选中右侧的"计算机基础"，点击"🗋"图标，可以新建页。按住新建页面，往后移动，可以将页面设置为当前页面的子页面，如图 36-7 所示。

（4）停靠到桌面

点击快速访问工具栏中的"停靠到桌面"，如图 36-8 所示，将 OneNote 半边停靠。

（5）添加网页内容

将网页中的内容复制到 OneNote 中，会保留源文件的链接，如图 36-9 所示。

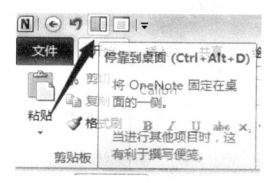

图 36-8　停靠到桌面

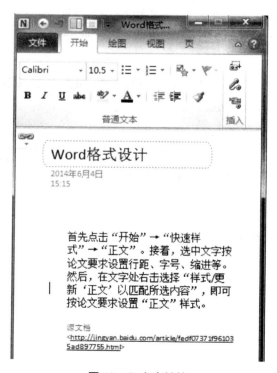

图 36-9　文字链接

再次点击"停靠到桌面",可以恢复 OneNote 编辑界面。

（5）插入屏幕截图

点击"插入"菜单,在功能选项区"图像"组中点击"屏幕剪辑",可以将选中的屏幕内容插入到 OneNote 中,如图 36-10 所示。

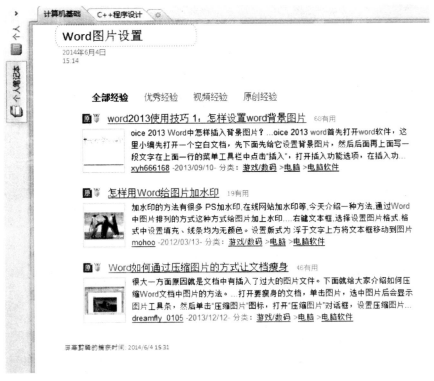

图 36-10　插入屏幕截图

插入屏幕截图的同时会记录屏幕截图时间。

课外练习

该练习包含以下任务,由读者独立完成。
读者自行练习 OneNote,完成记事操作。

附　　录

附录1　机房管理系统的使用

为方便学生快速了解和使用机房管理系统,现对机房管理系统使用情况说明如下。

1）登录机房管理系统

（a）学生凭学号和密码（初始密码为一卡通卡号）登录机房管理系统。

（b）登录成功后,在状态栏右侧会出现机房管理系统客户端图标（如图 37-1 所示）。

（c）右击机房管理系统客户端图标,可以查看管理系统相关信息（如图 37-2 所示）

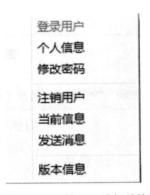

图 37-1　机房管理系统客户端　　　图 37-2　查看管理系统相关信息

2）使用计算机

学生使用计算机时有预约和非预约两种形式。

（a）使用预约方式时,学生只能在规定时间内在指定机房的计算机上登录,不能使用其他计算机。预约的时间结束后,计算机会自动关闭,计算机自动转变成非预约状态。

（b）使用非预约方式的学生只能使用非预约的计算机,不能使用预约的计算机。

当学生在使用非预约计算机时,如果费用不足,系统则会自动提醒,学生需要到自助充值端转账充值后方可继续使用。

3）机房打印系统

（a）确认当前计算机安装了联创打印管理系统（如图 37-3 所示）。

图 37-3　联创打印管理系统

（b）将打印任务输送到打印客户管理端（如图 37-4 所示），输入账户（学号）和密码（登录当前计算机密码）（如图 37-5 所示），并确认打印（如图 37-6 所示）。在确认打印页面点击预览，可以预览打印内容（如图 37-7 所示）。

（c）点击联创打印管理系统，输入用户名和密码登录系统后，可以管理当前打印任务或查看以前的打印信息等（如图 37-8 所示）。

（d）在打印刷卡端刷卡后可以直接完成打印。

图 37-4　输送打印任务

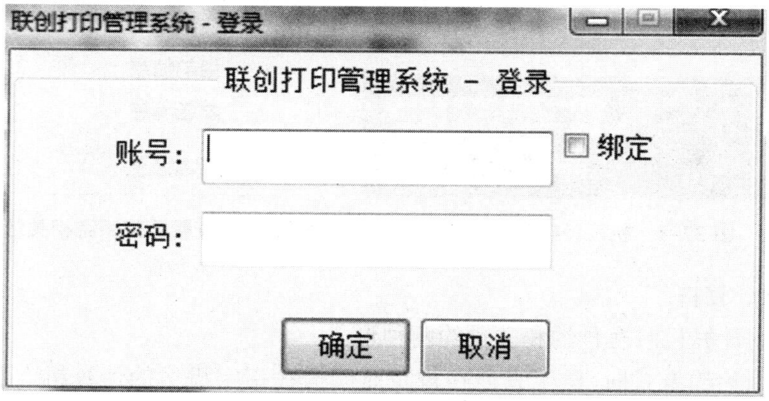

图 37-5　登录联创打印管理系统

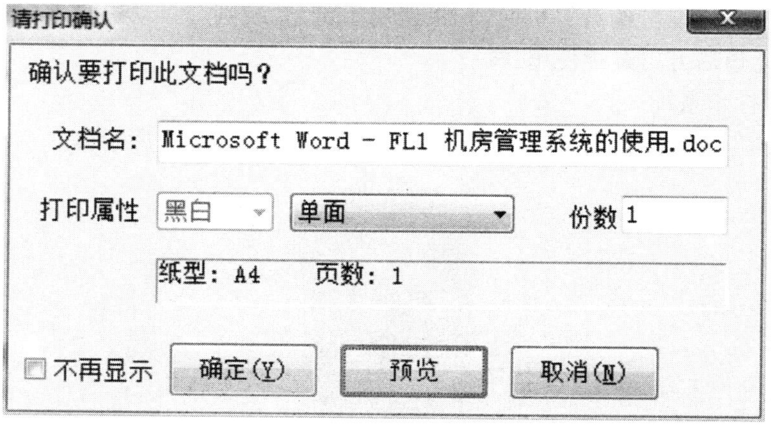

图 37-6　确认打印

附录1 机房管理系统的使用

为方便学生快速了解和使用机房管理系统，特将机房管理系统使用情况说明如下。

1）登录机房管理系统

(a) 学生凭学号和密码（初始密码为一卡通卡号）登录机房管理系统。

(b) 登录后，在状态栏右侧会出现机房管理系统客户端图标（如图FL1–2所示）。

图FL1–2 机房管理系统客户端

(c) 右击机房管理系统客户端图标，可以查看管理系统相关信息（如图FL1–3所示）。

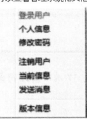

图FL1–3 查看管理系统相关信息

2）使用计算机

学生使用计算机时有预约和非预约两种形式。

(a) 使用预约方式时，学生只能在规定时间内在指定机房的计算机上登陆，不能使用其他计算机。预约的时间结束后，计算机会自动关闭，计算机自动转变成非预约状态。

(b) 使用非预约方式的学生只能使用非预约的计算机，不能使用预约的计算机。

当学生在使用非预约计算机时，如果费用不足，系统则会自动提醒，学生需要到自助充值端转账充值后方可继续使用。

3）机房打印系统

(a) 确认当前计算机安装了联创打印管理系统（如图FL1–4所示）。

图FL1–4 联创打印管理系统

图 37–7 打印预览

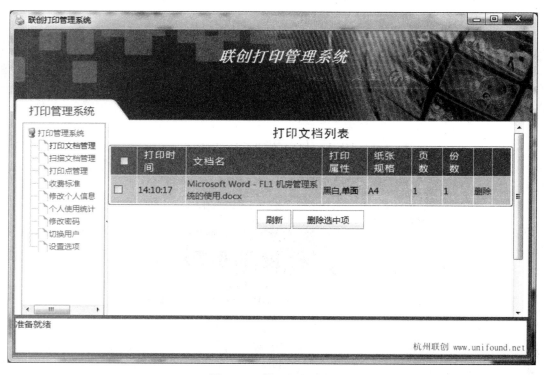

图 37-8　管理打印任务

附录2　作业管理系统的使用

"大学计算机基础"课程教学和作业的提交都采用了网络化的管理方式,现将作业管理系统介绍如下。

登录作业管理系统

（a）打开 IE 浏览器,在地址栏输入"http://cc.seu.edu.cn/",打开东南大学计算机教学实验中心首页,点击"作业管理",打开"作业管理"页面（如图 38-1 所示）。

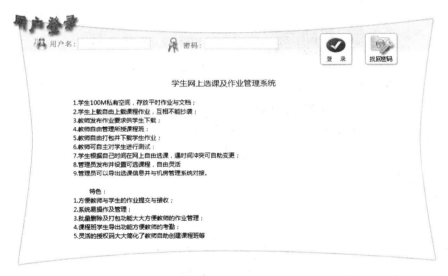

图 38-1　作业管理

（b）输入用户名和密码（同登录系统）,登录成功的界面如图 38-2 所示。

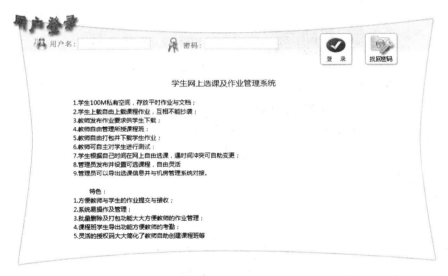

图 38-2　成功登录系统

小贴士

　　登录成功后,在界面左侧的树形菜单中:
　　(1)"我的文档":用户的个人文件夹;
　　(2)"公共文件夹":教师用户上载作业或者是课件等相关内容,供所有用户下载访问;
　　(3)"课程作业上载":该列表中显示出登录学生用户的所有课程文件夹,有多门课程时则显示多门课程文件夹(需要教师预先创建后才可以显示)。

　　点击"上传文件",可以上载文件(不可直接上载文件夹)(如图38-3所示)。

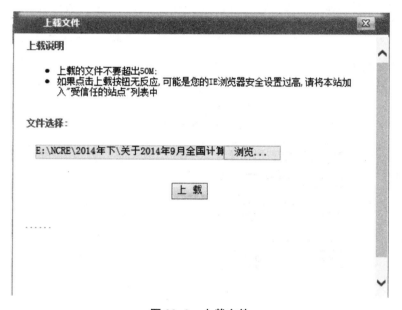

图38-3　上载文件

附录3 考试系统的使用

"大学计算机基础"课程采用的是网络化考试系统,为方便考生熟悉考试系统,了解考试过程,特将考试系统的使用说明如下:

1)运行考试系统

(a)请考生运行计算机桌面的考试系统图标,启动考试系统客户端(如图39-1所示)。

图39-1 考试系统

小贴士

运行考试系统时,考试系统会先进行检测。例如,考试系统检测出计算机系统打开了"D"盘,则需要关闭后才能继续启动考试系统,如图39-2所示。

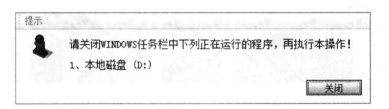

图39-2 考试系统提示关闭任务

(b)在"准考证号"栏中输入准考证号码,规则为"moni"加上学号,如"moni01010001"(如图39-3所示),确认后登录考试系统。

图39-3 准考证号码

小贴士

1. 准考证号在考前生成,由教师告之学生。

2. 如果考生已经考试结束,则不能再次登录。

（c）登录成功后,显示考试注意事项以及考生信息的确认（如图 39-4 所示）,确认无误后,点击"开始考试",进入考试界面。

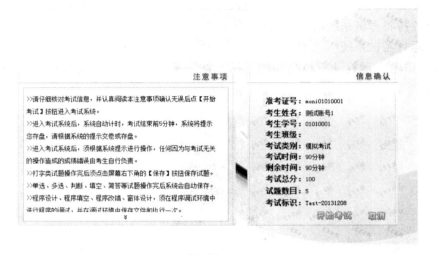

图 39-4 注意事项和信息确认

2）考试过程

（a）考试界面左侧为题型栏,显示当前考试有几种题型和考试时间（如图 39-5 所示）。

图 39-5 题型栏

"还有试题"按钮 [▼],表示该套题目中还有其他题目,点击即可显示。

（b）中间区域为当前题型的题目信息（如图 39-6 所示）

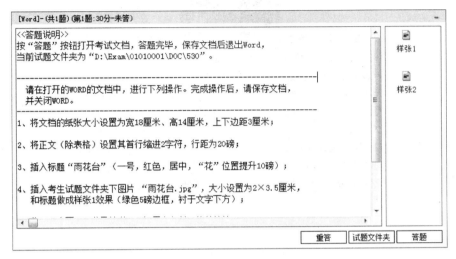

[Word]-(共1题)(第1题:30分-未答)

<<答题说明>>
按"答题"按钮打开考试文档,答题完毕,保存文档后退出Word,
当前试题文件夹为"D:\Exam\01010001\DOC\530"。

请在打开的WORD的文档中,进行下列操作。完成操作后,请保存文档,
并关闭WORD。

1、将文档的纸张大小设置为宽18厘米、高14厘米,上下边距3厘米;

2、将正文（除表格）设置其首行缩进2字符,行距为20磅;

3、插入标题"雨花台"（一号,红色,居中,"花"位置提升10磅）;

4、插入考生试题文件夹下图片 "雨花台.jpg",大小设置为2×3.5厘米,
和标题做成样张1效果（绿色5磅边框,衬于文字下方）;

样张1

样张2

重答　试题文件夹　答题

图 39-6　当前题目信息

考生答题时必须点击"试题文件夹"或"答题"按钮进入考试,否则系统会记录成未考状态,不进行评分操作。

（c）如果考生需要重答,请点击"重答"按钮,输入验证码（如图 39-7 所示）即可将该题恢复成初始状态,重新答题。

操作警告！
1.本操作将会把本题的素材恢复为最初状态,本题所有已做内容将被删除。
2.本操作执行后,将无法进行撤销或恢复。
3.本操作只针对本道试题生效,并不影响其他试题的内容。

确认操作前,必须先在下面输入验证码

xBKa

仍然要执行此操作　放弃操作

图 39-7　重答确认

（d）点击"样张 1"可以查看该题给出的图片样张,供参考（如图 39-8 所示）。

（e）答题界面如图 39-9 所示。

（f）点击左侧题型栏的"信息",则显示当前考试及考生的信息,如图 39-10 所示。

（g）点击左侧题型栏的"试题",可以显示当前试卷的答题情况,如图 39-11 所示。

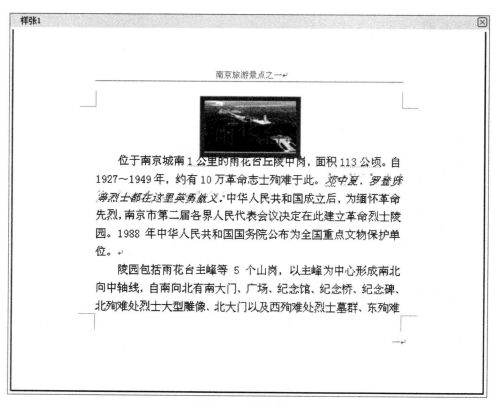

图 39-8　样张介绍

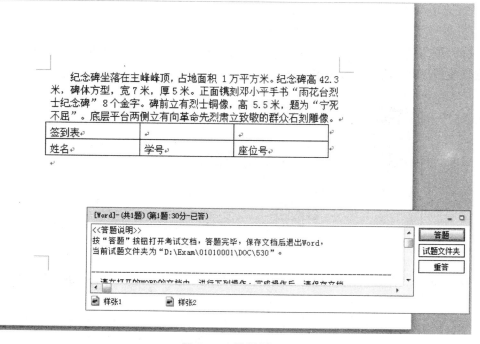

图 39-9　答题界面

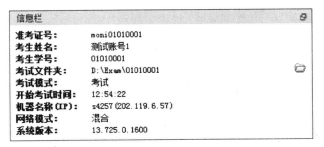

图 39-10　考试及考生信息

图 39-11　答题情况

3）交卷及判分过程

（a）点击左侧题型栏的"交卷"，可以实现交卷、评分过程及评卷结果等功能。如果有答卷未完成，则出现未答提示（如图 39-12 所示）。

图 39-12　未答提示

（b）系统交卷过程如图 39-13 至 39-16 所示。

 系统正在进行评卷，请稍等……

图 39-13　系统评卷

图 39-14　交卷成功

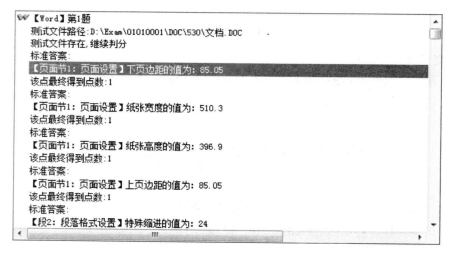

图 39-15　各项分值

图 39-16　各小项判分情况

有些考试系统不会显示评分结果是由于考试系统服务器端不允许客户端显示考生成绩。

附录4　全国计算机等级考试一级 MS Office 考试大纲

（2013年版）

基本要求

1. 具有微型计算机的基础知识（包括计算机病毒的防治常识）。
2. 了解微型计算机系统的组成和各部分的功能。
3. 了解操作系统的基本功能和作用，掌握 Windows 的基本操作和应用。
4. 了解文字处理的基本知识，熟练掌握文字处理 MS Word 的基本操作和应用，熟练掌握一种汉字（键盘）输入方法。
5. 了解电子表格软件的基本知识，掌握电子表格软件 Excel 的基本操作和应用。
6. 了解多媒体演示软件的基本知识，掌握演示文稿制作软件 PowerPoint 的基本操作和应用。
7. 了解计算机网络的基本概念和因特网（Internet）的初步知识，掌握 IE 浏览器软件和 Outlook Express 软件的基本操作和使用。

考试内容

一、计算机基础知识

1. 计算机的发展、类型及其应用领域。
2. 计算机中数据的表示、存储与处理。
3. 多媒体技术的概念与应用。
4. 计算机病毒的概念、特征、分类与防治。
5. 计算机网络的概念、组成和分类；计算机与网络信息安全的概念和防控。
6. 因特网网络服务的概念、原理和应用。

二、操作系统的功能和使用

1. 计算机软、硬件系统的组成及主要技术指标。
2. 操作系统的基本概念、功能、组成及分类。
3. Windows 操作系统的基本概念和常用术语，文件、文件夹、库等。
4. Windows 操作系统的基本操作和应用：
（1）桌面外观的设置，基本的网络配置。
（2）熟练掌握资源管理器的操作与应用。
（3）掌握文件、磁盘、显示属性的查看、设置等操作。
（4）中文输入法的安装、删除和选用。

（5）掌握检索文件、查询程序的方法。

（6）了解软、硬件的基本系统工具。

三、文字处理软件的功能和使用

1. Word 的基本概念，Word 的基本功能和运行环境，Word 的启动和退出。

2. 文档的创建、打开、输入、保存等基本操作。

3. 文本的选定、插入与删除、复制与移动、查找与替换等基本编辑技术；多窗口和多文档的编辑。

4. 字体格式设置、段落格式设置、文档页面设置、文档背景设置和文档分栏等基本排版技术。

5. 表格的创建、修改；表格的修饰；表格中数据的输入与编辑；数据的排序和计算。

6. 图形和图片的插入；图形的建立和编辑；文本框、艺术字的使用和编辑。

7. 文档的保护和打印。

四、电子表格软件的功能和使用

1. 电子表格的基本概念和基本功能，Excel 的基本功能、运行环境、启动和退出。

2. 工作簿和工作表的基本概念和基本操作，工作簿和工作表的建立、保存和退出；数据输入和编辑；工作表和单元格的选定、插入、删除、复制、移动；工作表的重命名和工作表窗口的拆分和冻结。

3. 工作表的格式化，包括设置单元格格式、设置列宽和行高、设置条件格式、使用样式、自动套用模式和使用模板等。

4. 单元格绝对地址和相对地址的概念，工作表中公式的输入和复制，常用函数的使用。

5. 图表的建立、编辑和修改以及修饰。

6. 数据清单的概念，数据清单的建立，数据清单内容的排序、筛选、分类汇总，数据合并，数据透视表的建立。

7. 工作表的页面设置、打印预览和打印，工作表中链接的建立。

8. 保护和隐藏工作簿和工作表。

五、PowerPoint 的功能和使用

1. 中文 PowerPoint 的功能、运行环境、启动和退出。

2. 演示文稿的创建、打开、关闭和保存。

3. 演示文稿视图的使用，幻灯片基本操作（版式、插入、移动、复制和删除）。

4. 幻灯片基本制作（文本、图片、艺术字、形状、表格等插入及其格式化）。

5. 演示文稿主题选用与幻灯片背景设置。

6. 演示文稿放映设计（动画设计、放映方式、切换效果）。

7. 演示文稿的打包和打印。

六、因特网（Internet）的初步知识和应用

1. 了解计算机网络的基本概念和因特网的基础知识，主要包括网络硬件和软件，TCP/IP 协议的工作原理，以及网络应用中常见的概念，如域名、IP 地址、DNS 服务等。

2. 能够熟练掌握浏览器、电子邮件的使用和操作。

考试方式

1. 采用无纸化考试，上机操作。考试时间为 90 分钟。

2. 软件环境：Windows 7 操作系统，Microsoft Office 2010 办公软件。

3. 在指定时间内，完成下列各项操作：

（1）选择题（计算机基础知识和网络的基本知识）。（20 分）

（2）Windows 操作系统的使用。（10 分）

（3）Word 操作。（25 分）

（4）Excel 操作。（20 分）

（5）PowerPoint 操作。（15 分）

（6）浏览器（IE）的简单使用和电子邮件收发。（10 分）

附录5 全国计算机等级考试二级 MS Office 高级应用考试大纲

（2013 年版）

基本要求

1. 掌握计算机基础知识及计算机系统组成。
2. 了解信息安全的基本知识,掌握计算机病毒及防治的基本概念。
3. 掌握多媒体技术基本概念和基本应用。
4. 了解计算机网络的基本概念和基本原理,掌握因特网网络服务和应用。
5. 正确采集信息并能在文字处理软件 Word、电子表格软件 Excel、演示文稿制作软件 PowerPoint 中熟练应用。
6. 掌握 Word 的操作技能,并熟练应用编制文档。
7. 掌握 Excel 的操作技能,并熟练应用进行数据计算及分析。
8. 掌握 PowerPoint 的操作技能,并熟练应用制作演示文稿。

考试内容

一、计算机基础知识

1. 计算机的发展、类型及其应用领域。
2. 计算机软硬件系统的组成及主要技术指标。
3. 计算机中数据的表示与存储。
4. 多媒体技术的概念与应用。
5. 计算机病毒的特征、分类与防治。
6. 计算机网络的概念、组成和分类;计算机与网络信息安全的概念和防控。
7. 因特网网络服务的概念、原理和应用。

二、Word 的功能和使用

1. Microsoft Office 应用界面使用和功能设置。
2. Word 的基本功能,文档的创建、编辑、保存、打印和保护等基本操作。
3. 设置字体和段落格式、应用文档样式和主题、调整页面布局等排版操作。
4. 文档中表格的制作与编辑。
5. 文档中图形、图像（片）对象的编辑和处理,文本框和文档部件的使用,符号与数学公式的输入与编辑。
6. 文档的分栏、分页和分节操作,文档页眉、页脚的设置,文档内容引用操作。
7. 文档审阅和修订。

8. 利用邮件合并功能批量制作和处理文档。

9. 多窗口和多文档的编辑，文档视图的使用。

10. 分析图文素材，并根据需求提取相关信息引用到 Word 文档中。

三、Excel 的功能和使用

1. Excel 的基本功能，工作簿和工作表的基本操作，工作视图的控制。

2. 工作表数据的输入、编辑和修改。

3. 单元格格式化操作、数据格式的设置。

4. 工作簿和工作表的保护、共享及修订。

5. 单元格的引用、公式和函数的使用。

6. 多个工作表的联动操作。

7. 迷你图和图表的创建、编辑与修饰。

8. 数据的排序、筛选、分类汇总、分组显示和合并计算。

9. 数据透视表和数据透视图的使用。

10. 数据模拟分析和运算。

11. 宏功能的简单使用。

12. 获取外部数据并分析处理。

13. 分析数据素材，并根据需求提取相关信息引用到 Excel 文档中。

四、PowerPoint 的功能和使用

1. PowerPoint 的基本功能和基本操作，演示文稿的视图模式和使用。

2. 演示文稿中幻灯片的主题设置、背景设置、母版制作和使用。

3. 幻灯片中文本、图形、SmartArt、图像（片）、图表、音频、视频、艺术字等对象的编辑和应用。

4. 幻灯片中对象动画、幻灯片切换效果、链接操作等交互设置。

5. 幻灯片放映设置，演示文稿的打包和输出。

6. 分析图文素材，并根据需求提取相关信息引用到 PowerPoint 文档中。

考试方式

采用无纸化考试，上机操作。

考试时间：120 分钟

软件环境：操作系统 Windows 7

办公软件 Microsoft Office 2010

在指定时间内，完成下列各项操作：

1. 选择题（计算机基础知识）（20 分）

2. Word 操作（30 分）

3. Excel 操作（30 分）

4. PowerPoint 操作（20 分）

参 考 文 献

［1］ 吴俊．大学计算机基础实验指导．北京：中国建筑工业出版社，2010

［2］ 沈军．大学计算机基础应用教程．南京：东南大学出版社，2001

［3］ 沈军，柏毅．大学计算机基础学习指导与习题解析．南京：东南大学出版社，2007

［4］ 马延周．大学计算机基础．北京：科学出版社，2012

［5］ 何振林，王超．大学计算机基础实验指导教程．北京：高等教育出版社，2008

［6］ 羊四清．大学计算机基础实验教程（Windows 7+Office 2010 版）．北京：中国水利水电出版社，
2013

［7］ 吴军强，邓昶．大学计算机基础实验指导（Windows 7+Office 2010 版）．北京：中国铁道出版社，
2013

［8］ 柴欣，武优西．大学计算机基础实验教程．5 版．北京：中国铁道出版社，2011

［9］ 夏耀稳，李志平．大学计算机基础实验教程．北京：高等教育出版社，2014

［10］ 曹芝兰，杨丽．大学计算机基础实验教程．北京：科学出版社，2013

［11］ 安海宁，邓娜．大学计算机基础实验教程．北京：高等教育出版社，2014

［12］ 陈莹，雷芸．大学计算机基础实验教程．北京：北京理工大学出版社，2014

［13］ 全国计算机等级考试网站 www.ncre.cn